Biome-BGC
模型参数优化及
东北森林碳通量估算研究

梅晓丹　著

WUHAN UNIVERSITY PRESS
武汉大学出版社

图书在版编目(CIP)数据

Biome-BGC 模型参数优化及东北森林碳通量估算研究/梅晓丹著.—武汉:武汉大学出版社,2022.8
ISBN 978-7-307-23177-1

Ⅰ.B…　Ⅱ.梅…　Ⅲ.森林生态系统—碳—储量计算—研究—东北地区　Ⅳ.S718.55

中国版本图书馆 CIP 数据核字(2022)第 133097 号

责任编辑:任仕元　　　责任校对:汪欣怡　　　版式设计:马　佳

出版发行:**武汉大学出版社**　　(430072　武昌　珞珈山)
　　　　(电子邮箱:cbs22@whu.edu.cn　网址:www.wdp.com.cn)
印刷:武汉邮科印务有限公司
开本:787×1092　1/16　印张:13　字数:308 千字　插页:1
版次:2022 年 8 月第 1 版　　2022 年 8 月第 1 次印刷
ISBN 978-7-307-23177-1　　定价:48.00 元

前　　言

森林作为陆地生态系统中最大的碳库，其是应对气候变化、建设生态文明、实现我国"双碳"目标的有力保障。截至目前，据国家林业和草原局统计，中国森林覆盖率达23.04%，森林面积已达2.2亿公顷，森林蓄积量超175亿立方米，保持了逾30年的持续"双增长"，成为世界森林资源增长最多的国家。森林碳通量对全球碳收支具有重要影响，在全球碳循环和碳平衡中起着重要作用，对大气中的 CO_2 起着重要的源或汇的作用。因此，量化森林生态系统的碳通量对研究陆地生态系统碳循环以及全球碳的源/汇具有相当重要的意义。当前，区域尺度森林生态系统的碳通量评价，是全球碳循环以及对全球变化的区域相应研究的重要内容，而区域尺度的过程模型则是分析和预测区域碳平衡的重要技术途径，也是制定各国区域尺度下森林增汇、实现林业可持续发展的有力保障。

本书是以我国东北森林为研究对象，借助3S技术，采用数据同化方法，将通量数据、遥感数据、MT-CLIM模型和Biome-BGC模型相融合，全面系统地介绍了Biome-BGC模型参数优化及东北森林碳通量估算研究。本书共分10章。第1章，主要介绍了研究背景、研究目的和意义、国内外研究现状及发展趋势、研究内容和方法以及技术路线；第2章，主要介绍了研究区的地理位置、气候、地形地貌、水文和自然资源概况；第3章，主要介绍了模型驱动数据和验证数据的获取与处理；第4章，主要介绍了Biome-BGC模型的基本原理，包括模型结构和生态过程算法；第5章，主要介绍了MT-CLIM模型的基本原理、模拟与评价；第6章，主要介绍了Biome-BGC模型参数优化方法，包括PEST方法和集合卡尔曼滤波方法；第7章，主要介绍了Biome-BGC模型模拟与验证；第8章，主要分析了东北森林碳通量时空特征及变化规律，包括森林生产力（GPP、NPP、NEP）和森林呼吸（MR、GR、HR）；第9章，主要探究了干旱对东北森林碳源/汇的影响；第10章，主要阐明了研究结论。

本书内容来源于实证性科研项目的研究成果，旨在为生态过程模型的参数识别和优化提供一种实例和思路，实现通量-遥感-生态模型的综合应用，为我国森林增汇政策制定和干旱防灾减灾管理提供科学参考，持续提升我国森林生态系统碳汇的能力。另外，在本书撰写过程中，得到了诸多同行及专家的热情帮助和支持，采纳了许多中肯的建议，在此表示衷心的感谢！同时，本书撰写也参阅了国内外大量相关的学术著作、期刊和网络资料，由于篇幅所限未能一一注明，请有关作者见谅，在此致以最衷心的感谢！

此外，特别感谢国家自然科学基金青年科学基金项目"干旱指数对森林碳水循环结果定量影响研究"（31800538）和黑龙江省省属本科高校基本科研业务费科研项目-国基培育

1

"东北森林生态系统碳水耦合模拟及水分利用效率研究"（2021GJ05）对本书出版所给予的支持和经费资助。

　　由于著者水平有限，书中难免存在不足之处，敬请广大读者批评指正。

著　者

2022 年 3 月

目　　录

第1章 绪 论

1.1 研究背景

工业革命以来的人类活动，特别是发达国家大量消费化石能源所产生的二氧化碳累积排放，导致大气中温室气体浓度显著增加，加剧了以变暖为主要特征的全球气候变化[1]。截至 2022 年 3 月，夏威夷莫纳罗亚天文台测得全球的月平均二氧化碳含量已由工业革命前期的 280ppm 急速增加到现在的 418.81ppm。图 1.1(a) 反映了 2017—2022 年二氧化碳含量(竖线表示观测的不确定性)；图 1.1(b) 反映了 1958—2022 年校正后的二氧化碳含量(https：//gml. noaa. gov/)。

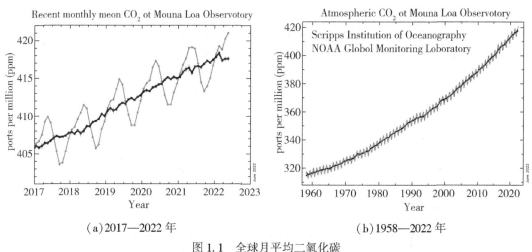

(a)2017—2022 年   (b)1958—2022 年

图 1.1 全球月平均二氧化碳

世界气象组织发布的《2020 年全球气候状况》报告表明，2020 年全球平均温度较工业化前水平高出约 1.2℃，2011—2020 年是有记录以来最暖的 10 年。2021 年联合国政府间气候变化专业委员会(IPCC)发布的第六次评估报告表明，人类活动已造成气候系统发生了前所未有的变化。1970 年以来的 50 年是过去两千年以来最暖的 50 年。预计到 21 世纪中期，气候系统的变暖仍将持续。工业革命后，碳排放量激增，全球气温也随之升高，图 1.2 中，线条描绘了 1850—2019 年，全球气温变化与累计碳排放量的正比关系；色块区域则展现了 IPCC 模拟不同碳排放情况下到 2050 年的可能温度变化，全球气温在 2050 年将很大可能升高 1.5~2.5℃。①

气候变化对全球自然生态系统产生了显著影响，全球许多区域出现并发极端天气气候事件和复合型事件的概率与频率大大增加，高温热浪及干旱并发，极端海平面和强降水叠加造成复合型洪涝事件加剧，给人类生存和发展带来严峻挑战，对全球粮食、水、生态、能源、基础设施以及民众生命财产安全构成长期重大威胁，应对气候变化刻不容缓。随着国际社会对全球气候变化问题的关注[2-6]，先后制定了《京都议定书》《巴黎协定》《马拉喀什协定》《哥本哈根协议》等国际社会控制二氧化碳排放量的重要文件。为减缓二氧化碳过度排放对气候造成的影响，自 1992 年以来，《联合国气候变化框架公约》逐步对各国排放状态加强约束。《巴黎协定》(The Paris Agreement)是由全世界 178 个缔约方共同签署的气候变化协定，是对 2020 年后全球应对气候变化的行动做出的统一安排。《巴黎协定》的长期目标是将全球平均气温较前工业化时期上升幅度控制在 2℃ 以内，并努力将温度上升幅度限制在 1.5℃ 以内。提出自 2023 年起，每五年进行一次全球盘点的计划，盘点各国的实际行动在减缓气候变化中的贡献。2021 年 11 月 13 日，联合国气候变化大会达成了《巴黎协定》实施细则，开启了国际社会全面落实《巴黎协定》的新征程。

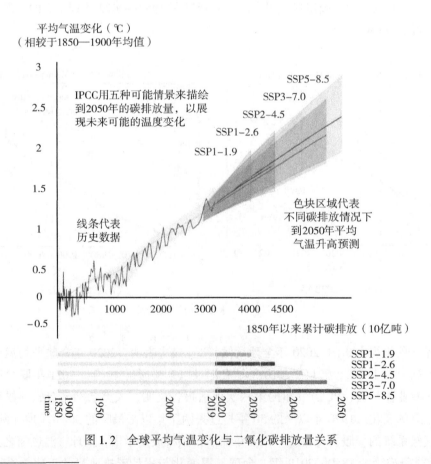

图 1.2　全球平均气温变化与二氧化碳排放量关系

---

①　数据来源于 Climate Change 2021：The Physical Science Basis.

因此，全球减缓气候变化刻不容缓，气候变化是全人类的共同挑战。一些发达国家加紧量化 CO_2 源/汇值，甚至提出在发展中国家造林以"抵消排放"和"换取排放"，通过扩大陆地森林面积，发挥其巨大碳汇功能的作用，以达到全球碳平衡的目的[2,7]。中国高度重视应对气候变化，作为世界上最大的发展中国家，中国克服自身经济、社会等方面困难，实施了一系列应对气候变化的战略、措施和行动，参与全球气候治理，应对气候变化取得了积极成效。在习近平生态文明思想指引下，中国贯彻新发展理念，将应对气候变化摆在国家治理更加突出的位置，不断提高碳排放强度削减幅度，不断强化自主贡献目标，以最大努力提高应对气候变化力度，推动经济社会发展全面绿色转型，建设人与自然和谐共生的现代化社会。2020 年 8 月 24 日，为满足低碳发展和绿色发展的时代需求，科学推进防灾减灾、应对气候变化和生态文明建设，中国气象局气候变化中心发布了《中国气候变化蓝皮书（2020）》，气候系统多项关键指标呈加速变化趋势。中国是全球气候变化的敏感区，气候极端性增强，降水变化区域差异明显、暴雨日数增多。生态气候总体趋好，但区域生态环境不稳定性加大。2000—2019 年，中国年平均归一化差分植被指数（NDVI）呈显著上升趋势，全国整体植被覆盖稳定增加，呈现变绿趋势；2019 年，中国平均 NDVI 为 0.373，较 2000—2018 年平均值上升 5.7%；2015—2019 年为 2000 年以来植被覆盖度最高的五年。中国将提高国家自主贡献力度，采取更加有力的政策和措施，二氧化碳排放力争于 2030 年前达到峰值，努力争取 2060 年前实现碳中和。2021 年 11 月 27 日，中华人民共和国国务院新闻办公室发布了《中国应对气候变化的政策与行动》白皮书，主要内容包括：中国应对气候变化新理念，实施积极应对气候变化国家战略，中国应对气候变化发生历史性变化，共建公平合理、合作共赢的全球气候治理体系。目前，中国正在为实现"双碳"目标而积极行动。

1.2 研究目的和意义

森林生态系统是陆地生态系统的主体，森林约占陆地生态系统总面积的 1/3[8]，是陆地生态系统最大的碳库，森林与大气碳交换量占陆地生态系统与大气碳总交换量的 90% 以上[9]，森林生态系统碳通量对全球碳收支具有重要影响，在全球碳循环和碳平衡中起着重要作用，对大气中的 CO_2 起着重要的源或汇的作用（图 1.3）[10]。一方面，森林植物通过同化作用，吸收大气中的 CO_2，固定在森林生物量中；另一方面，森林中动物、植物与微生物的呼吸和枯枝落叶的分解氧化等过程，又以 CO_2，CO，CH_4 等形式向大气排放碳[11]。许多研究都证明，北半球中高纬度的陆地生态系统固定了大部分全球碳循环中被称为"碳失汇"的 CO_2[11-15]。为了减少森林碳循环通量与收支评价的不确定性，预测未来全球碳循环的可能动态，评价全球变化的 CO_2 施肥效应和生态系统的有机碳动态平衡[7,16]，国际上先后开展了一系列重大的陆地碳循环研究计划。因此，量化森林生态系统的碳通量对研究陆地生态系统碳循环以及全球碳的源/汇具有相当重要的意义。

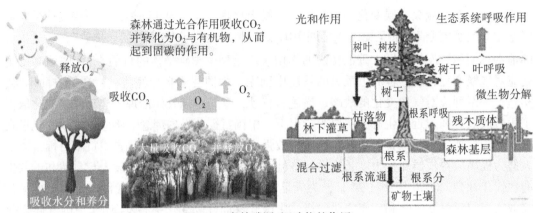

图 1.3　森林碳源/汇功能的作用

中国地域辽阔，自然地理环境复杂，拥有丰富的森林资源，具有森林类型多样、森林生态系统特征各异的特点。第九次全国森林资源清查结果(2014—2018 年)[17]显示：我国森林资源总体上呈现数量持续增加、质量稳步提升、生态功能不断增强的良好发展态势，初步形成了国有林以公益林为主、集体林以商品林为主、木材供给以人工林为主的合理格局。截至目前，据国家林业和草原局数据统计，中国森林覆盖率达 23.04%，森林面积已达 2.2 亿公顷，森林蓄积量超 175 亿立方米。我国东北森林占全国森林面积和森林蓄积量的 1/3 以上，在我国和全球碳循环中起着重要的作用[18]。东北主要包括黑龙江、吉林和辽宁 3 个省，地理范围横跨温带和寒温带两个气候带。该区域主要森林类型，包括温带落叶阔叶林、温带针阔混交林和寒温带针叶林。森林生态系统虽然在碳循环机理过程上具有相似性，但光合、呼吸和分解速率以及碳储量却有较大差异[19]。中国"十四五"规划和2035 年远景目标纲要将"2025 年单位 GDP 二氧化碳排放较 2020 年降低 18%"作为约束性指标。中国各省(区、市)均将应对气候变化作为"十四五"规划的重要内容，明确具体目标和工作任务。区域尺度森林生态系统的碳通量评价，是全球碳循环以及对全球变化的区域相应研究的重要内容，而区域尺度的过程模型则是分析和预测区域碳平衡的重要技术途径，也是制定各国区域尺度下森林增汇，实现林业可持续发展的有力保障。

因此，本研究是以我国东北森林为研究对象，将通量数据、遥感数据、MT-CLIM 模型和 Biome-BGC 模型相融合，构建适用于我国东北森林生态系统的区域尺度 Biome-BGC 模型。通过 Biome-BGC 模型参数优化及东北森林碳通量估算的研究，为过程模型的参数识别和优化提供一种实例和思路，将有助于实现通量-遥感-生态模型的综合应用；为区域尺度下模型的验证、模拟和应用提供科学依据和研究基础，将有助于该模型区域应用的推广；为区域尺度森林碳源/汇时空分布格局研究提供参考依据，将有助于我国区域森林增汇政策的制定；为区域干旱防灾减灾以及建立旱情监测和预警提供参考依据，将有助于持续提升森林生态系统的碳汇能力。

1.3　国内外研究现状及发展趋势

国际上，对于森林生态系统的碳通量研究起步于 20 世纪 60 年代国际科联(ICSU)执行的国际生物学计划(IBP)[16]。通常,森林生态系统碳通量研究是与森林生态系统生产力相结合而进行的。自 1997 年《京都议定书》签署至今,区域及全球尺度净初级生产力(Net Primary Productivity,NPP)和净生态系统生产力(Net Ecosystem Productivity,NEP)研究逐渐成为森林生态系统碳通量研究的热点[19-20]。森林生态系统碳通量量化研究主要是 NPP,关注静态的区域性 NPP 估算以及人类活动和全球环境变化对 NPP 的影响。NPP 是评价生态系统结构与功能特征和生物圈的人口承载力的重要指标。但是,NPP 只反映了植物固定和转化光合产物的效率,不能反映森林生态系统碳源/汇的功能[21-23]。近年来,NEP 得到了国内外森林生态系统碳循环研究者的广泛重视,因为 NEP 可以直接定量地描述森林生态系统碳源/汇的性质和能力[24]。随着对森林生态系统的结构、功能和生态过程认识不断深入,加之新型仪器设备和研究手段的不断涌现和更新,人类对森林生态系统碳通量的研究在深度和广度上正在不断完善。

1.3.1 基本概念

目前,精确估算森林碳源/汇时空分布格局,主要是利用各种手段来确定生态系统的碳通量[21-22]。碳通量是判断森林生态系统碳源/汇和碳平衡的主要依据,生产力是衡量森林生态系统碳源/汇功能的重要指标。碳通量与生态系统生产力具有密切的关系,在一定的假设条件下两者具有相同的物理意义。

(1)碳通量(Carbon Flux)是表示生态系统中单位时间通过单位地表面积的某一特定组分碳的量[25]。森林生态系统碳循环通过植物光合作用固定 CO_2 进入生态系统,因此与生态系统的生产力概念密不可分,不同时空尺度生产力有不同的内涵[26,27]。

(2)总初级生产力(Gross Primary Productivity,GPP)是指绿色植物单位地表面积上单位时间内通过光合作用途径所固定的碳量。它是进入生态系统的初始物质和能量,同时也是生态系统碳循环的基础。

(3)净初级生产力(NPP)是总初级生产力(GPP)中扣除自养呼吸后的剩余部分,也称为净第一性生产力[25]。它反映了植物固定和转化光合产物的效率,表示植被的净碳吸收[16, 19-20]。

(4)净生态系统生产力(NEP)是指在净初级生产力(NPP)中扣除异养呼吸后的剩余部分,即生态系统光合作用固定的碳与呼吸作用释放的碳之差。在稳定的自然生态系统中,NEP 接近生态系统净碳累积速率[27]。

(5)净生物群区生产力(Net Biome Productivity,NBP)是指净生态系统生产力(NEP)中扣除其他导致现存有机物和有机物残体损失的过程(自然和人为干扰)后的剩余部分。

(6)净生态系统交换(Net Ecosystem Exchange,NEE)是大气—植被界面的净 CO_2 通量[15],常用涡度相关技术测定。NEE 是气象学家的定义,负值表示生态系统从大气中吸收 CO_2,在符号上与 NEP 相反。如果忽略两种方法的误差以及无机过程 CO_2 气体通量,两者在数值上相等[28]。

(7)生态系统呼吸(Ecosystem Respiration,Re)指单位地表面积单位时间生态系统所有有机体的呼吸总量,包括自养呼吸和异养呼吸[27]。

(8)自养呼吸(Autotrophic Respiration,AR)是指单位地表面积单位时间内绿色植物活体部分的呼吸总量，它包括叶片呼吸、枝干呼吸和根系呼吸[27]。自养呼吸又分为维持呼吸(Maintenance Respiration，MR)和生长呼吸(Growth Respiration，GR)。

(9)异养呼吸(Heterotrophic Respiration，HR)是指单位地表面积单位时间异养生物的呼吸量，包括土壤有机质、枯枝落叶层和粗木质残体呼吸[27]。

(10)碳平衡(Carbon Balance，CB)是指碳化学反应过程中参与反应的碳与生成产物中的碳是相等的。

(11)碳达峰(Carbon Peak，CP)是指CO_2的排放不再增长，达到峰值之后逐步降低。

(12)碳中和(Carbon Neutrality，CN)是指国家、企业、产品、活动或个人在一定时间内直接或间接产生的二氧化碳或温室气体排放总量，通过植树造林、节能减排等形式，以抵消自身产生的二氧化碳或温室气体排放量，实现正负抵消，达到相对"零排放"。

目前，减少干扰因素的不确定性是全球碳循环研究中的一个重要课题[14,18,19,29]。因此，在大尺度范围的研究上，通常不考虑砍伐、火灾、病虫害等各种扰动的情况下，将森林生态系统碳通量近似为NEP，它表征了陆地生态系统与大气间的净碳通量，直接定量描述了森林生态系统的碳源/汇功能和碳平衡的状态。当NEP>0时，即为森林碳汇；当NEP<0时，即为森林碳源；当NEP=0时，即为森林碳平衡。

下面从森林生态系统碳通量观测方法和森林生态系统碳循环模型的角度，阐述国内外森林生态系统碳通量的研究现状及其发展。

1.3.2 森林生态系统碳通量观测方法

目前，森林生态系统碳通量的主要观测方法可归纳为4种，即样地清查法、微气象观测法、模型模拟法和遥感观测法。

1. 样地清查法

样地清查法是在森林生态系统中选取典型的样地或代表区域，对不同时间尺度和空间尺度上的碳循环过程进行定位或移动观测研究，调查或测定碳循环过程的各个基本量[73]。Gillespie等[30]提出了生物量转换因子连续函数法，以更加准确地估算森林生物量。在此基础上，方精云[31]、杨昆等[32]开展了我国大区域森林生物量的研究，依据森林生物量和蓄积量之间的关系建立线性回归模型，估算区域森林生物量及其动态；焦燕等[33]、刘国华等[34]、刘冰燕[35]、粟娟等[36]、赵栋等[37]分别估算了我国森林的碳储量和碳密度，空间格局及其对全球碳平衡的贡献；Fang等[38]研究发现森林生物量与森林的平均高度有很好的线性关系，Lefsky等[39]和Simar等[40]制作了全球森林冠层高度图。

在准确地估算森林生物量以及森林生态系统碳储量和碳密度方面，样地清查法获得了较好的精度。目前，对森林生态系统碳库的研究已经比较全面，积累了大量的森林资源样地实测数据。近年来，从遥感影像提取森林三维结构信息，结合样地实测数据，许多学者提出了多种森林生物量反演方法[41]，较好地解决了从宏观上把握森林资源的动态信息和空间分布规律的问题。但森林生态系统的碳通量估算需要长期的野外测定，尤其是各个碳库之间通量的测定。由于森林资源样地清查法具有时间不连续性和注重地上部分生物量估算的特点，使其在森林生态系统碳通量估算上具有局限性。

2. 微气象观测法

微气象观测法是通过对边界层内相关物理量即风向、风速、温度与从地表到林冠上层 CO_2 浓度的垂直梯度变化的测定,估算生态系统 CO_2 的输入和输出流量[42,295]。经过长期的理论发展和技术进步,直到 20 世纪 70 年代初才真正开始利用涡动相关技术测定 CO_2 通量[43]。为了在区域和国家尺度上开展陆地生态系统碳循环研究,国际上联合发起了一系列以全球碳循环为主要研究内容的国际合作计划。例如,全球碳计划(Global Carbon Project,GCP)、国际地圈-生物圈计划(International Geosphere-Biosphere Programme,IGBP)、世界气候研究计划(World Climate Research Programme,WCRP)、全球环境变化的人文因素计划(International Human Dimension Programme on Global Environmental Change,IHDP)、国际生物多样性科学研究规划(International Programme of Biodiversity Science,DIVERSITAS)以及全球气候变化与陆地生态系统(Global Change and Terrestrial Ecosystem,GCTE)和土地利用/土地覆盖变化(Land Use and Land Cover Change,LUCC)等。

近些年来,国内外相继启动了一些大型碳通量观测项目国际 CO_2 通量观测网络(FLUXNET)、BigFoot、陆地生态系统研究与区域分析研究组(Terrestrial Ecosystem Research and Regional Analysis Group,TERRAG)、陆地碳观测(Terrestrial Carbon Observation,TCO)及中国通量观测网络(China FLUX)等。为了配合这些国际计划和碳项目,各国陆续建立了地面观测站点来连续观测碳通量,国内外学者积极开展森林生态系统的碳通量以及与全球碳循环之间的相关性研究[22]。截至目前,全球已建立了 800 多个通量观测站点,形成了全球性和区域性的共 42 个国家、23 个区域性通量研究网络[44]。

我国的碳循环研究起步较晚,但发展迅速、成果显著,2001 年开始先后启动了“中国陆地和近海生态系统碳收支研究”“中国陆地生态系统碳循环及其驱动机制的研究”,以及亚洲区域合作研究 A3 前瞻计划项目“Carbon East Asia:基于通量观测网络的生态系统碳循环过程与模型综合研究”等,这些研究工作极大地推动了我国森林生态系统碳循环方面的研究进程。我国于 2002 年创建了以中国生态系统研究网络(CERN)为依托的中国通量观测网络,其拥有 8 个微气象和 16 个箱式法观测站,涵盖了 10 种不同植被类型。另外,我国科研和教育机构相继建立了一批涡度相关通量观测站点,全国通量观测站达 85 个[45]。中国通量观测网络(China FLUX)的科学目标是应用微气象法进行生态系统 CO_2 和水热通量长期定位观测的关键技术,构建实验研究的方法论体系;为全球碳平衡与全球变化研究提供中国典型陆地生态系统碳、水汽、氮通量的长期观测数据;量化典型陆地生态系统碳源/汇的时空分布格局、变异性及其对气候、物种、林龄及地理位置的响应;理解气候的年以及年际间的波动对陆地生态系统碳、水、能量交换变化的影响;认识自然与人工陆地生态系统碳循环的自然及人为(放牧、采伐、土地利用方式的改变等)驱动机制;对基于遥感或生态学过程的碳循环模型的模拟结果进行验证;利用遥感及模型对基于地表的观测在时空尺度上进行拓展;获取典型生态系统的 CO_2 和水热通量以及植被群落的微气象等生态环境要素的长期变化数据。于贵瑞和何念鹏研究团队关于中国森林生态系统性状与功能研究取得系列新进展,围绕中国东部森林生态系统性状(植物、微生物、土壤)开展了综合调查,希望能为后续性状研究提供一个可参考的新调查模式(跨学科、系统性、集成性)和新的分析思路(个体-群落、性状-功能)。另外，研究团队也出版了一系列学术专著，主要包括：《中国陆地生态系统碳通量观测技术及时空变化特征》《陆地生态系统通量观测的原理与方法》《中国陆地生态系统空间化信息研究图集》《全球变化与陆地生态系统碳循环和碳蓄积》《地球系统碳循环》《地气系统碳氮交换——从实验到模型》等。

随着不同空间尺度的陆地生态系统通量观测网络的迅速发展，涡度相关法在碳通量研究领域得到了广泛应用，森林生态系统的碳通量研究也得到了快速发展。在地势平坦、植被均匀的下垫面，涡度相关系统观测的垂直湍流流量，可以近似地认为净生态系统碳交换量(NEE)相当于净生态系统生产力(NEP)[46]。从森林生态系统的碳源/汇、碳交换的过程及其与各组分的相互关系方面，国外学者积极开展了日本中部的温带落叶松林、俄罗斯西伯利亚东部欧洲赤松林、加拿大北方黑云杉林、欧洲苏格兰松、俄罗斯北方云杉林等典型森林生态系统的碳源/汇研究。Valentini 等对不同纬度的森林生态系统 CO_2 碳汇的功能进行了研究；Saigusa 等研究了日本 50 年生寒温带落叶次生林 NEE 年际变化，对东亚森林生态系统碳通量模拟的适用性和不确定性进行了分析；Lindroth 等[49]研究了北方森林带瑞典中部优势过熟林挪威云杉；Lloyd 等研究了俄罗斯西伯利亚东部边界欧洲赤松林 CO_2 通量。同时，国内外学者对区域性通量观测研究网络尺度扩展进行了研究，涉及通量网络代表性、不同尺度通量的幅度、分布和变化，以及空间异质性和参数变异性对通量估算的影响[47-53]。

与国际研究相比，我国对于森林生态系统碳通量研究起步比较晚，从 20 世纪 80 年代才开始开展森林生态系统碳通量的研究，先后启动了"中国森林碳平衡研究"和"我国森林生态系统结构的功能规律研究"等[54,55]。方精云、冯宗炜、赵士洞和汪业勖等学者开始研究陆地生态系统的碳通量[11,79,202]，认为气候变化、CO_2 施肥效应以及人类的活动是造成北半球植被生态系统碳通量时空变化的主要原因；沈文清[56]综合分析了千烟洲人工针叶林碳收支状况和影响碳通量交换的主要环境因子；朱治林等[57]对夜间 CO_2 涡度相关通量数据处理方法进行了研究；贾文晓等[58]基于 FLUXNET 观测数据与 VPM 模型进行了森林生态系统光合作用关键参数优化及验证；药静宇等分析了北美、欧洲、亚洲不同植被类型 NEE 的变化特征；李春等[59]采用 MATLAB 为开发工具，集成目前主要的通量数据处理方法，开发了一套具有自主知识产权的 China FLUX 通量观测数据处理系统；于贵瑞[44,51-52]、王绍强[45,282]、王文杰[50,53]和楚良海[60]等对通量数据的质量评价及空间代表性进行了研究。

基于涡度相关技术的微气象观测法，已在森林生态系统碳通量研究中取得了一系列成果，主要包括：驱动森林生态系统碳循环过程的关键气候因子、生物学因子和人类活动影响，以及碳源/汇时空格局及其对气候变化的响应。涡度相关技术被广泛用于定量研究森林大气 CO_2 通量，随后用于确定森林生态系统的碳交换特征。为了进一步提高我国通量观测研究水平、加速观测数据的积累、提高数据质量和数据资源的共享水平，急需建立复杂地形和夜间 NEE 质量评价与校正的方法论体系，构建和发展通量观测网络与稳定性同位素观测网络、水碳循环过程实验网络，以及遥感观测或高空对地观测网络有机结合的综合观测与研究体系，从而为全球性和地域性模型的建立和检验提供可靠的碳、水和氮的循环过程机理及耦合关系的通量交换参数[61]。但目前我国通量观测站个数有限，从站点扩展到区域尺度存在不确定性，还不能很好地满足区域尺度森林生态系统碳通量研究。

3. 模型模拟方法

在区域及全球尺度上，由于无法直接和全面量测森林生态系统碳通量[62]，因此利用各种碳循环模型估算碳通量成为全球碳循环研究的必要手段[63-64]。20 世纪 70 年代初的模型模拟方法，以气候相关模型为代表，该类模型通过建立气候因子与 NPP 直接的统计关系估算 NPP[65-67]。这种模型比较简单，可外推到其他时间和区域的 NPP，但无法解释碳循环过程的机理问题。随着学者们对碳重要性的认识及研究视野的扩大而逐渐深入[67]，已涌现出一大批碳循环模型。目前，有模拟森林生态系统碳循环的生物地球化学循环模型 20 多个，包括从叶片尺度到冠层尺度的扩展模型(大叶模型、双叶模型、多层模型以及多层-双叶模等)、区域及全球尺度的遥感模型(SiA2、BIMOME3 及 BEPS 等模型)。森林生态系统模型模拟通过阴生叶和阳生叶分开计算的方法，实现了从叶片到冠层、区域的空间尺度转换；同时考虑了气象条件的日变化规律，通过逐日积分方法进行模型的时间尺度转换，实现了瞬时尺度扩展为每日尺度[21,68]。另外，考虑干扰及环境变化对森林生态系统碳循环的影响，森林生态系统碳循环模型将由静态模型向动态模型发展[21]。目前，大多陆地生态系统碳循环模型属静态模型，即假设在模型模拟中植被类型及分布不发生变化。典型的静态植被模型是 Biome-BGC 模型、CENTURY 模型、CEVSA 模型、InTEC 模型、BEPS 模型和 TEM 模型等，该类模型仅反映了顶极植被类型[69,70]，难以处理中长期气候变化背景下生态系统结构和组成的变化问题。动态植被模型根据气候和土壤条件确定植被分布，并能模拟气候变化导致的生态系统结构和组成变化，更合理地模拟与生态系统类型相关碳循环过程[69]。典型动态植被模型是 LPJI 模型、IBIS 模型、VECODE 模型和 TRIFFID 模型等。

不同模型模拟大气-植被-土壤之间的结构关系及其对全球气候变化的响应有所不同，开展模型间对比研究有助于更好地理解森林生态系统对全球变化的响应机制和原理，用来分析模拟结果的不确定性来源及其大小。在国际上较早就开展了相关研究，以尽可能地减少碳收支估算中的不确定。1994 年，全球模型模拟分析与解译研究计划(IGBP/GAIM)开始了针对 NPP 和 GPP 计算的模型对比研究。在 IGBP 计划资助下，波茨坦气候影响研究中心已开展了 Biome-BGC、BIOME3、CENTURY 等共 17 个陆地生态系统碳循环模型的比较研究[64]。该研究还在继续中，扩大了模型范围，还加强了地面观测、遥感卫星观测结果间的对比和相互验证。EMDI(Ecosystem Model-Data Intercomparison)工作组专门进行生态模型比较和验证陆地生态系统的碳通量模拟，并提供标准数据[71]。另外，在我国也陆续开展了利用不同陆地生态系统碳循环模型估算森林生态系统碳通量的研究，并已取得一定的成果。

近年来，国内的学者开始关注和应用过程模型，开始使用过程模型计算全球或区域性生产力[19,72]，张娜等[79-81]研究了景观尺度生态系统生产力的模拟以及长白山地表径流量时空变化特征；冯险峰等[68]、闫敏[82]、高艳妮等[83]研究了区域及全球尺度的过程模型以及 NPP 对全球变化的响应；苑全治[85]和王萍[86]研究了历史和未来气候变化下中国潜在植被 NPP 的脆弱性，并做了空间分布格局和季节变化特征分析；郭丽娟[87]利用 IBIS 模型模拟了东北东部森林生态系统碳循环。毛学刚[18]、于颖[73]、杨金明等[74]、卢伟等[75-77]和陈晨[78]考虑了林龄并利用BEPS模型模拟了东北森林NPP和地表蒸散模拟,对不同时间尺度碳循环模型的协同应用以及碳源/汇时空分布进行了研究。此外,森林火灾是森林生态系统中重要的干扰,将火灾干扰因子引入生态系统碳循环模型,国内外许多学者积极开展了有关林火干扰影响、火烧迹地生产力、火烧迹地森林恢复等方面的研究。Bachelet等[88]研究了气候变化背景下陆地生态系统的碳动态对火干扰的响应;吕爱锋[89]利用DLEM对1980—2000年中国森林生态系统火干扰进行了模拟研究;胡海清等[90]、李明泽等[91]、王强[92]、张瑶[93]和郭殿繁[94]利用模型估算大兴安岭地区火烧迹地生产力,估测了林火参数、林火对森林植被碳收支的影响;韩士杰等[95]分析了北方森林生态系统对全球气候变化的响应。

目前,模型模拟研究的主要内容是改进模型、不同模型比较、与气候模型的耦合和数据同化系统研究。但大多数模型模拟由于需要输入的参数过多,或单点运行模式以及尺度转换的不确定性,这些因素限制了其在区域及全球尺度上的推广与应用。

4. 遥感观测方法

近年来,利用遥感技术来估算碳通量成为一种全新的手段,为碳通量模型的发展注入了新的活力,实现了区域尺度的通量估算的可能。国际上关于利用遥感技术研究碳循环,大体可划分为两个阶段:第一阶段是主要利用解译遥感图像的方法进行地表物体的识别分类;第二阶段是定量遥感提取地表生物物理化学特征,作为输入参数直接参与碳循环模型的建立和改进。遥感在模型参数化、驱动模型及模型验证中得到了许多碳循环研究者的认同[96-97],已成为碳循环研究的热点。多种环境参数和生物物理参数,主要包括:土地覆盖、土地利用变化、净初级生产力、叶面积指数、冠层生物化学组分、冠层温度、光合有效辐射、植被吸收光合有效辐射、冠层结构、土壤含水量、陆地表面温度等,这些参数可以由航天遥感或航空遥感信息直接或间接获得[13]。例如:热红外遥感反演近地层气温[98];多角度遥感可分离地表温度[99];高光谱遥感分解混合像元,提高叶面积指数等植被参数的反演精度[100];微波遥感反演土壤湿度[101];激光雷达遥感能够在多重时空尺度上获取森林生态系统高分辨率的三维地形、植被结构参数[102]。利用遥感数据来反演更多的模型输入参数,并提高反演精度,即从遥感数据中获得更多可靠的植被和环境信息,这也是很多碳循环研究者的目标。因此,进一步研究地物的光谱特征,发展新型遥感技术,将是解决遥感技术来估算碳通量问题的一个重要方法。

随着遥感数据可得性增加,尤其是MODIS数据和GLASS产品等免费数据共享,使遥感参数模型的应用从区域、国家以及全球尺度都有广泛研究[21]。根据研究尺度,光学遥感数据,主要有低分辨率(MODIS数据、NOAA/AVHRR数据)、中等分辨率(Landsat TM和ETM数据),以及高分辨率(SPOT、IKONOS、WorldView、GeoEye和资源三号数据)等。例如:孙睿、郑元润、郭志华、朱文泉和陈利军等利用模型对全国以及不同区域的陆地植被NPP进行研究[103-107];张乾等[62]基于多角度光谱数据构建光化学反射指数与冠层光能利用率关系;仲晓春等[108]利用改进的光能利用率模型反演了全国植被NPP时空格局;梁顺林[109]集合目前国际上应用广泛的8个光能利用率模型,研究GPP产品生产算法。此外，遥感技术已被广泛应用于陆地碳平衡估算中，特别对由于土地覆盖与利用变化引起的碳收支变化的确定。利用热红外遥感来模拟土壤呼吸，是目前解决土壤呼吸问题的重要途径，证明土壤呼吸与遥感反演的热红外温度存在较大的相关性[20,110-112]。王军邦[110]在中国陆地净生态系统生产力遥感模型应用研究中，以热红外冠层表面温度模拟土壤呼吸；王礼霄基于 MODIS 数据模拟庞泉沟国家自然保护区的土壤呼吸空间格局；杨玉盛等[113]森林土壤呼吸及其对全球变化的响应；王海云等[114]探索了基于地理国情普查的广东省市县级林业碳汇能力评估方法；赵志平等[115]研究我国西南地区旱灾程度及其对植被 NPP 的影响；李洁等[116]利用模型对东北地区净生态系统生产力 NEP 的时空格局及区域碳源/汇的气候响应；石志华[117]和刘春雨[72]利用模型研究省域植被碳汇时空模拟及影响因素。

目前，遥感技术已成为监测区域与全球森林生态系统碳源/汇动态变化的有效手段，但现有遥感技术不能直接提取森林表面碳通量信息，仅能提取与地表碳通量的某些分量或与碳通量紧密相关的植被参数。在洲际、区域及局部范围内，亟须在全球范围上获得二氧化碳等温室气体的通量数据和手段。我国首颗全球二氧化碳监测科学实验卫星（中国碳卫星（TanSat））于 2016 年 12 月发射，其是继日本 GOSAT 卫星和美国 OCO-2 卫星后世界第三颗温室气体监测卫星。该卫星搭载了高光谱与高空间分辨率 CO_2 探测仪与云与气溶胶探测仪，监测数据将用于精确反演全球大气 CO_2 含量，为全球大气环境变化、温室气体探测、光化学过程、气候变迁等方面的研究与业务的需求发展提供技术依据。首颗碳卫星国内 6 个长期地面验证观测站：中东部城市下垫面综合观测站（北京）、高纬观测站（黑龙江漠河）、低纬观测站（广东广州）、西部城市下垫面观测站（新疆乌鲁木齐）、沙漠下垫面观测站（新疆塔中）、大气本底观测站（青海瓦里关），将有效地提升我国对全球、全国及其他重点地区的大气二氧化碳浓度监测能力。中国科学院大气物理研究所副研究员杨东旭改进了数据质量和反演算法后，生产了新一版的数据产品，产品偏差和精度分别达到 −0.08ppmv 和 1.47ppmv，探测精度跻身于全球领先地位，基于中国碳卫星获取了首个全球碳通量数据集。与此同时，中欧开展了针对中国碳卫星全球碳监测的相关合作研究，中国碳卫星加入欧洲空间局（ESA）第三方卫星数据应用计划，间接表明了我国碳卫星及其观测数据开始逐步走向世界。2020 年 9 月，我国提出二氧化碳排放力争于 2030 年前达到峰值，努力争取 2060 年前实现碳中和的愿景。我国将以碳卫星的研究成果为基础，研发新一代的温室气体监测卫星，服务于全球盘点各国的实际行动在减缓气候变化中的贡献和我国双碳目标的实现。

由于地表的不均一性，不同分辨率的遥感图像反演得到的模型驱动变量或参数存在很大的不确定性，特别是将遥感数据应用于碳通量研究时，对碳通量结果的不确定性分析更少。遥感反演结果的不确定性主要来源于两个方面：①对卫星数据校准和大气影响引起表面反射率的不确定性；②反演算法模型的不确定性。然而，由于遥感传感器自身性能和大气的影响，导致几何位置匹配、参数反演误差等也存在较大的不确定性。随着研究的深入，遥感将为碳通量模型提供更多、更精确的输入参数和驱动数据，有效地为碳收支提供精确的验证数据，提升温室气体监测的可信度及稳定性，以及在森林生态系统碳通量遥感估算中模型的全遥感化、尺度扩展和模型的不确定性等问题的解决。

1.3.3　森林生态系统碳循环模型

近十几年来，随着对森林陆地生态系统结构、功能和生态过程认识的不断深入，以及遥感、地理信息系统和计算机技术的发展，森林生态系统碳循环模型研究发展很快，一大批不同类型、不同时间和空间尺度的模型不断涌现并得到改进，现已成为森林生态系统碳通量研究的重要方向和极具发展前景的不可替代的手段。森林生态系统碳循环模型是利用数学方法定量描述森林生态系统碳循环过程及其与全球变化之间的相互关系。从模型构建角度出发，将森林生态系统的碳循环模型分为经验模型、光能利用率模型和生态过程模型[65]。

1. 经验模型

经验模型包括生物量换算法[118,119]和统计模型[66]。生物量换算法是通过计算森林中各组分的生物量和含碳率来估算碳储量，并通过时间序列的碳储量变化来获得碳通量。生物量的估算主要有平均生物量法、材积源生物量法和生物量转换因子连续函数法[21]，在森林资源清查资料方面得到了很好的应用。统计模型[65]是以气候因子与森林生态系统净初级生产力(NPP)之间的统计关系为基础，又称为气候相关模型。从温度、降水量、蒸散和辐射干燥度等角度，构建了 NPP 估算模型，从而提高了湿润、干旱和半干旱区域的模拟精度，并可外推到其他碳通量时空尺度。典型的气候统计模型是迈阿密(Miami)模型、桑斯维特纪念(Thornthwaite Memorial)模型和筑后(Chikugo)模型，以及国内的北京模型和周广胜综合模型等。

$$\text{NPP} = f(Q, \ T, \ R, \ \text{AET...}) \tag{1-1}$$

式中：Q 是太阳辐射；T 是气温；R 是降水；AET 是实际蒸散。

与其他模型相比，经验模型结构简单，在一定范围内模拟较为准确，但无法揭示植物生产、物质循环及能量流动的过程和机理，不能有效地反映出时间的动态变化。生物量换算法通常只注重地上部分生物量的估算，地下部分常常被忽略，且忽略了土壤微生物对有机碳的分解，不能有效地说明生态系统的碳源/汇功能，而统计模型忽略了许多影响植物生产力的植物生理生态机理以及复杂的生态系统过程和功能变化，也没有考虑植物对环境的反馈作用，它估算的为潜在生产力[120]。

2. 光能利用率模型

光能利用率模型[65]是在资源平衡的前提下，植被的生产力由植被吸收的光合有效辐射(Fraction of Photosynthetic Active Radiation，fPAR)、入射的光合有效辐射(Incoming Photosynthetic Active Radiation，iPAR)、最大光能利用率($\varepsilon_{\max}$)与环境因子修正系数计算而得到，又称为参数模型。其中，fPAR 是从植被结构的角度，反映植被生长过程的重要生理参数，可通过基于多源遥感数据的植被指数反演估算而获得。例如：植被指数(Vegetation Index，VI)、归一化差分植被指数(Normalized Difference Vegetation Index，NDVI)和叶面积指数(Leaf Area Index，LAI)等有效植被指数。另外，由于植被冠层空间异质性对光合有效辐射各分量影响较大，利用冠层光谱辐射传输模型、几何光学模型和计算机模拟模型，提高 PAR 及 fPAR 的反演精度。例如：BRDF 模型能够准确描述植被冠层二向性反射特征，SAIL 模型模拟不同条件下的直射 fPAR、散射 fPAR 和总 fPAR。典型的光能利用率模型是 CASA 模型、C-FIX 模型、CFlux、EC-LUE 模型、MODIS-GPP、GLO-PEM 模型，以及 VPM 模型和 VPRM 模型。

$$GPP = \varepsilon_{max} \times f \times f PAR \times PAR \qquad (1\text{-}2)$$

式中：ε_{max} 是最大光能利用率；f 是环境胁迫因子；fPAR 是植被吸收的光合有效辐射；PAR 是入射的光合有效辐射。

与其他模型相比，光能利用率模型输入参数较少，可实现样地尺度和遥感大尺度之间植被参数的尺度转换，有助于模拟大尺度区域的碳通量空间格局。但在土壤呼吸的模拟上，大尺度的模型比较少，基于遥感的模拟也存在很大的障碍。NPP，一般选择光能利用率模型或过程模型进行模拟，而土壤呼吸是通过经验模型进行模拟，例如：土壤呼吸与土壤温度间的关系 Arrheniu 函数；或过程模型进行估测[121, 122]。该类模型仅能以适应环境条件的前提下，在生态过程趋于调整植物特性进行模拟和估算[68]，不能从机理上解释生产力变化，存在空间尺度转换的不确定性。

3. 生态过程模型

生态过程模型[65]是以植物生理、生态学原理为基础，从机理上模拟大气-植被-土壤之间物质和能量的循环过程，计算森林生态系统碳循环的各个分量。从模型构建方法角度，生态过程模型可分为生物地理模型、生物物理模型和生物地球化学模型[16]。生物地理模型主要用来描述植被与气候的相互关系，模拟大气-植被-土壤的水热和动量交换过程，代表性模型是 BIOME2 模型，MAPPS 模型和 DOLY 模型；生物物理模型重视动量在水汽及 CO_2 传输中的作用，充分利用遥感可以获得的植被参数，用来模拟陆地生态系统与大气圈、土壤的交互反馈作用，代表性模型是 SiB 模型、IBIS 模型和 AVIM 模型；生物地球化学模型以植被类型、土壤和气候数据为驱动数据，模拟生态系统辐射传输、光合作用、呼吸作用、水分蒸散、微生物分解过程，从而得到大气-植被-土壤间碳、水、养分的交换量，代表性模型有 TEM 模型、CENTURY 模型、Biome-BGC 模型、BEPS 模型和 InTEC 模型等。从时间步长和空间尺度上，比较常用的生态过程模型(表 1.1)。

与其他模型相比，生态过程模型描述多种因素对碳循环的影响，同时可预测未来气候条件下，森林生态系统碳通量的变化。该类模型与大气环流模式(GCM)相耦合，有利于研究全球变化对陆地生态系统碳通量的影响，以及研究植被分布的变化对气候的反馈作用[21]。将遥感技术应用其中，能够进行大尺度的碳通量评价。该类模型的缺点是机理复杂，尤其是该类模型需要的参数较多，模型驱动数据或参数的不确定性，以及模型本身的误差传播导致的不确定性。因此，现阶段森林生态系统过程模型发展主要方向：利用数据同化技术，优化模型的生化参数，实现模型模拟的本地化，从而有效地降低模型模拟的不确定性；将扰动因素融入模型，多时间序列的遥感信息与生态系统过程模型耦合。

表 1.1　　　　　　　　　　　　　　　不同生态过程模型对比

模型	作者	国家	模型类型	时间步长	空间尺度
AVIM 模型	Jinjun Ji	中国	BGC/过程模型	30 分钟/天	斑块/全球
Biome-BGC 模型	Running/Thornton	美国	BGC/过程模型	天	任意
CARAIB 模型	Bernard Nemry	比利时	BGC/过程模型	月	1°
CENTURY 模型	Parton/McKeown	美国	BGC/过程模型	月	任意
GLO-PEM 模型	Steve Prince	美国	遥感/过程模型	10~15 天	8km/0.5°
GTEC 模型	Mac Post	美国	生态系统	小时/天	1°
IBIS 模型	Foley/Kucharik	美国	动态植被模型	小时/天	0.5°~4°
LPJ 模型	Sitch/Smith	英国	动态植被模型	天/月	>0.5°
PnET 模型	Aber/Jenkins	美国	BGC/过程模型	天/月	图区
SiB2 模型	Dickinson/Kaduk	美国	能量/过程模型	30 分钟/天	1°/可调
STOMATE 模型	Friedlingston/Vouvray	法国	动态植被模型	30 分钟/年	1°
VECODE 模型	PIK/Brovkin	德国	动态植被模型	年/十年	0.5°
BEPS 模型	Liu J/Chen J	加拿大	遥感/过程模型	30 分钟/天	1km
InTEC 模型	Chen J	加拿大	遥感/过程模型	月	1km

　　森林生态系统碳通量估算可表示为植被的总光合作用减去生态系统总呼吸作用消耗。从光合作用和呼吸作用的角度,说明森林生态系统碳循环模型的模拟方法。

　　光合作用模拟方法:植物通过光合作用把大气中的 CO_2 转换成碳水化合物,成为推动和支撑整个生态系统的原动力,并由此开始了碳在生态系统中的碳循环。NPP 是指绿色植被在单位面积、单位时间内所积累的有机物数量,是由光合所用所产生的有机质总量(GPP)扣除自养呼吸消耗后的剩余部分,NPP 是陆地生态系统碳循环的关键中间变量。森林生态系统的光合作用模拟方法[65](图 1.4):光合作用模型分为经验统计模型和机理模型两大类。其中,机理模型又可分为光合有效辐射曲线模型和叶片光合作用生化模型。

　　Sollins 等光合有效辐射的响应曲线模型考虑了"光饱和"现象,在有环境胁迫和大气中 CO_2 浓度变化的条件下,计算冠层 NPP 公式为

$$GPP = A_m \times f_c \times (CO_2) \times f_t(t) \times f_w(w) \times f_n(n) \tag{1-3}$$

式中:A_m 是在无环境胁迫和固定大气 CO_2 浓度条件下,冠层绿叶的总光合速率;f_c、f_t、f_w、f_n 分别是大气中 CO_2 浓度、气温、土壤湿度和土壤养分对光合速率环境胁迫因子。

　　呼吸作用模拟方法:植物通过光合作用把 CO_2 和 H_2O 转换为富含能量的有机质并释放出氧气,同时也通过呼吸作用把有机物质氧化分解、释放能量。呼吸作用是植物体内进行的极其复杂的物质和能量代谢过程,受植物体内的内部因子与外界的环境因子的共同影响。森林生态系统呼吸作用模拟方法[65](图 1.5):总呼吸是自养呼吸和异养呼吸的之和。通常,将生长性呼吸计算为总光合或净光合的比例;维持呼吸是计算植物器官的叶、茎和

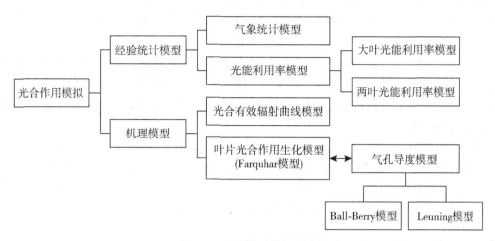

图 1.4 光合作用模拟方法

根等维持性呼吸之和；土壤碳划分为不同的碳库，这些碳库分解过程中向大气排放的碳量之和，即为异养呼吸。

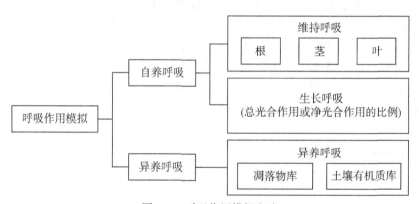

图 1.5 呼吸作用模拟方法

综上所述，经验模型和光能利用率模型，都只能估算植被或者某一森林生态系统类型的 NPP，而对于目前在全球变化研究中人们更关注的指标 NEP 却无能为力，也无法回答某一生态系统，或某一区域森林碳源/汇的问题。对于 NEP 指标的模拟更多地是使用过程模型，这类模型以气候和土壤数据为驱动因子，将环境变量从机理上融入模型，模拟陆地生态系统中的光合作用、呼吸作用和土壤微生物分解及生态系统中碳、水及营养物质循环过程，给出循环过程中物质和能量的通量，给出 NPP 和进而估算出 NEP[21]，估算结果也更为可靠。森林生态系统 NPP 和异养呼吸对环境因子变化和人类活动的响应存在区域性差异，不同区域森林生态系统碳源/汇存在和变化的原因不同。CO_2 施肥效应、氮沉降、生长季节延长和森林恢复等诸多方面，可以提高 NEP 值。在全球不同地区进行的 12 个自由大气 CO_2 富集试验表明[122]，CO_2 增加 50% 会导致 NPP 增加 12%，其中，森林的 NPP

会增加 22%~25%[123]，土壤水分是 CO_2 施肥效应的限制因子。工业排放和人工施肥会导致大气氮素浓度上升，使得氮素干湿沉降增大。大气氮沉降会影响土壤有机质碳的分解和积累。全球变暖导致的生长季节变长，会促进植物生长，增加碳汇，尤其是高纬度地区[124]。在进行异养呼吸模拟的主要问题：①土壤碳库的初始化；②不同的生态系统土壤碳的垂直分布特征；③不同模型使用的经验方程模拟的异养呼吸差异性。过程模型还可在全球气候变化情况下进行陆地生态系统碳通量的模拟分析，对全球变化情况下陆地生态系统碳通量进行预测。

目前，将通量数据、遥感数据和生态过程模型相结合，森林碳通量估算及其空间分布已成为森林生态系统碳通量研究的主要方向。数据同化是一种集成多源空间数据新思路[125]，在碳循环研究中越来越受到重视，将站点观测或者遥感观测数据通过数据同化的方法融合到碳循环模型中，改善模型模拟的碳通量等结果。

1.3.4 Biome-BGC 模型应用研究分析

1. Biome-BGC 模型发展

Biome-BGC 模型是典型的陆地生态系统碳循环生态过程模型，其由美国蒙大拿大学的数字地球动态模拟研究组（Numerical Terradynamic Simulations Group，NTSG）研发（http://www.ntsg.umt.edu/）。Biome-BGC 模型产生和发展经历了一系列的过程[126]（图 1.6）：从 $H_2OTRANS$ 小时蒸腾作用模型→DAYTRANS 日蒸腾作用模型→DAYTRANS/PSN 碳、水循环相结合的模型→森林群落生态系统碳、水及养分循环 Forest-BGC 模型→陆地生态系统生物地球化学循环过程模型 Biome-BGC[127,128]。Running 研究团队自 1993 年提出第一代 Biome-BGC 模型以来不断地改进，提高模拟和计算陆地生态系统大气-植被-土壤之间的

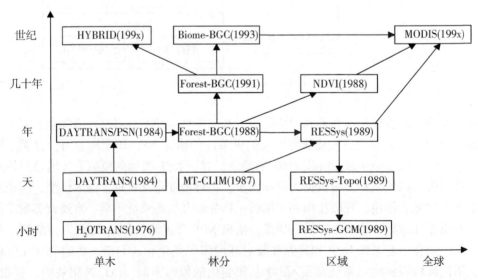

图 1.6 Biome-BGC 模型发展

碳、水和营养物质循环的流动和存储的生物地球化学循环过程，并介绍了 Biome-BGC 与遥感数据结合进行全球尺度生物圈模型的方法。在时空尺度上的扩展，在空间尺度上由单木→林分→区域→全球，在时间尺度上由小时→天→年→几十年→世纪。目前，Biome-BGC 模型最新版本为 4.2 版本[126]，其已成为目前国际主流的生态过程模型。

2. Biome-BGC 模型应用研究现状

（1）国外 Biome-BGC 模型应用现状。

Biome-BGC 模型在区域乃至全球尺度上，寒带、温带、亚热带、热带等气候区，森林、草地、灌木和农田等生态系统的碳水循环模拟，森林经营管理，及其对气候变化和人为活动干扰响应的研究中已得到广泛应用。Running 等[126-128]应用模型模拟了全球不同生物群落；White 等[129]分析了与 NPP 相关的模型参数敏感性分析；Kimball 和 Kang 等[130-132]研究了寒带和亚高山带常绿森林的物候特征，模拟了北方针叶林林分的水文过程，以及森林生态系统生产力和蒸散对火灾扰动和气候变化的响应；Schmid 等[133]利用过程模型 Biome-BGC 对瑞士不同区域森林 100 年以后在不同管理模式下的地上、地下碳库及碳通量模拟，分析了森林经营对未来碳库和通量的影响；Aguilos 等[134]分析了日本北部的寒温带森林的碳平衡动态的影响；Zhang 等[209]模拟了北方高纬度地区冻融周期的变化及其对蒸散的影响；Chiesi 等[135]研究在水分限制条件下，地中海森林季节性光合作用和蒸腾作用；Ueyama 和 Ichii 等[136,137]利用 AsiaFlux 数据和 Biome-BGC 模型，模拟东亚的落叶松森林碳水循环，以及热带生态系统碳循环对气象因子敏感性分析；Engstrom 等[138]、Machimura 等[139]和 Keyser 等[140]分别改进了模型土壤水分模拟方法，分析了气候变化对森林碳水平衡的影响；Tatarinov 等[141,142]应用模型进行欧洲温带森林管理，并进行模型适用性的参数敏感性分析；Bondlamberty 等[144,145]考虑了混交林，树冠演替和林下动态，研发了 Biome-BGC 模型模拟的生态演替变化实现，提高排水不良森林模拟效果，以及火灾扰动对森林生态系统蒸散的影响；Lagergren 等[147]研究瑞典的森林的碳平衡及其对全球变化的敏感性分析；Thornton[146]模拟了北美常绿针叶林的碳水通量对历史干扰和气候变化的响应；Turner 和 Law 等[148,149]利用模型分别模拟了美国地区扰动和气候对碳储量和通量的影响，在景观尺度下模拟火灾扰动对碳排放、树的死亡率和净生态系统生产力的影响，以及土地利用与精细尺度环境异质性对温带针叶林净生态系统生产力的影响。

（2）国内 Biome-BGC 模型应用现状。

近年来，关于 Biome-BGC 模型的应用研究也已引起我国相关领域学者的关注。以北京林业大学、北京师范大学、中国科学院、中国科学院新疆生态与地理研究所、中国科学院遥感应用研究所、中山大学、兰州大学和南京大学等一系列为代表的科研院所和高等院校积极开展 Biome-BGC 模型应用研究。苏宏新等[150]应用模型模拟了夜间最低气温与白天最高气温的非对称性升高现象对北京东灵山地带性植被蒙古栎林生态系统碳收支影响和气候变化情景的响应；董明伟等[151]应用模型锡林河流域典型草原区沿水分梯度草原群落 NPP 动态及对气候变化响应的模拟分析；范敏锐等[152-154]应用模型模拟了北京山区不同植被类型（油松林、刺槐林、栓皮栎林、华北落叶松林）森林生态系统 NPP，以及 CO_2 倍增和气候变化响应；何丽鸿和吴玉莲等[155-157]利用模型分别模拟了东北地区长白落叶松林和阔叶红松林 NPP，分析参数敏感性和气候变化的响应；胡波等[158]将遥感数据结合 Biome-BGC 模型估算黄淮海地区生态系统生产力；孙睿、张廷龙和刘秋雨等[159-162]研究模型机理和参数优化，分析模型参数的敏感性和时间异质性，改进了模型土壤水平衡，分别采用模拟退火算法和数据同化方法对模型生理和生态参数进行优化，并模拟了美国哈佛森林地区水和碳通量；王李娟等[163]基于 MODIS 数据的 2002—2006 年中国陆地 NPP 分析，并比较 CASA 模型、Biome-BGC 模型和 BEPS 模型；朱文泉等[106,164]研究了中国陆地植被净初级生产力遥感，以及中国典型植被最大光利用率模拟；董文娟等[165]应用模型研究黄河小花间卢氏以上流域，落叶阔叶林、常绿针叶林、灌木林和草地的植被生产力的空间分布；裴凤松等[166]应用模型研究广东省城市扩张及气候变化驱动下植被 NPP 动态情景模拟；孙政国和穆少杰等[167,168]分别应用模型研究我国南方不同类型草地 NPP 和 NEP 及对气候变化的响应，以及内蒙古锡林河流域草地群落年际间和年内 NEP 动态变化；韩其飞等[169]利用模型研究天山北坡森林生态系统不同海拔梯度山地草原生态系统地上 NPP 对气候变化及放牧的响应，以及森林生态系统碳动态模拟；亓伟伟等[170]应用模型模拟增温对青藏高原高寒草甸生态系统固碳通量影响；王勤学等[171]将 APEIS-FLUX 的数据和遥感数据相结合，应用模型对中国主要生态系统类型进行了水热碳通量的监测与模拟；曾慧卿等[172]利用模型模拟红壤丘陵区湿地松林生产力及其对未来气候变化的响应；李宗善等[173]应用模型和树木年轮数据模拟川西米亚罗地区岷江冷杉林过去 223 年森林 NPP，并构建了 NPP 线性重建模型；彭俊杰等[174]应用 Biome-BGC 模型和树木年轮数据模拟 1952—2008 年华北地区典型油松林生态系统 NPP 动态，探究了树木径向生长和 NPP 对区域气候变暖以及未来气候情景下的响应；李慧[19]应用模型对 1991—2005 年福建省森林生态系统 NPP 和 NEP 进行时空模拟研究；毛方杰和李雪建等[175]采用双集合卡尔曼滤波方法优化 BEPS 模型参数，对亚热带地区毛竹林生态系统碳循环时空模拟；王超等[176]应用模型模拟半干旱地区吉林通榆的典型草地和农田生态系统的潜热通量。

由此可见，目前我国 Biome-BGC 模型应用主要在陆地生态系统生物量、NPP 和 NEP，水热碳通量、碳循环过程，时空格局以及对气候变化的响应等方面开展了相关研究。在区域尺度上，主要包括全国、区域(华北地区、黄淮海地区、红壤丘陵区、川西米亚罗地区等)、省域(广东省、福建省和内蒙古等)和河流流域、山区(东北地区长白山、新疆天山北坡、北京山区等)；在气候类型上，主要涉及温带、亚热带、寒带和半干旱地区。在陆地生态系统类型上，森林、草地、农田和青藏高原高寒草甸生态系统；在森林植被类型上，长白落叶松林和阔叶红松林、华北落叶松林、冷杉林、油松林、蒙古栎林、刺槐林和栓皮栎林等。这些国内学者的相关研究都证明了 Biome-BGC 模型合理性及很强的适应性，然而，对人为活动干扰对森林生态系统的影响、模型和数据源的不确定性等方面相关研究较少，缺乏采用数据同化技术优化模型参数，将多源数据与模型的耦合方面的研究。

1.3.5　国内外研究现状及发展趋势总结

综上所述，通过对区域尺度的森林生态系统碳通量的国内外相关研究现状及发展趋势，以及 Biome-BGC 模型应用研究分析，归纳总结如下：

1. 森林生态系统碳通量的国内外相关研究及发展趋势

(1)在量化指标上,由早期的 NPP 估算和预测研究到近年来 NEP 和土壤异养呼吸估算的广泛关注,以及净生态系统 CO_2 交换量(NEE)的研究。

(2)在数据源上,从最初简单的野外实地测量数据至海量的遥感、GIS 和通量观测等多源数据的综合应用。

(3)在研究方法和手段上,由单一的生态学观测手段向模型估算,碳通量观测网,以及 3S 技术等多种手段综合发展,实现由点尺度向区域尺度扩展。

(4)在碳通量评价模型上,由静态模型向动态模型发展,其不仅考虑气候因子的变化响应,同时考虑干扰及环境变化对森林生态系统碳循环的影响,以及利用长时间序列遥感数据和同化方法,以期全面把握区域森林生态系统碳通量的动态模拟方法。

(5)在时空尺度上,从生态系统尺度的通量模型到区域尺度生态系统碳交互的过程模型到大尺度通量评价的过程-遥感模型,支持不同时间尺度(日、月、季度和年)碳通量模拟。

(6)在模拟结果验证上,由不同模型间的对比验证到 MODIS 及其他卫星全球数据产品的验证,以及不同空间尺度的地面观测、遥感卫星观测结果间的对比和相互验证,减少碳通量估算中的不确定性。然而,区域尺度的森林生态系统碳通量在研究内容、研究方法和综合研究上有很大的局限性,尤其大尺度的森林碳源/汇时空分布格局模拟比较困难。目前,从利用全球碳循环模型间接地推测森林碳源/汇,基于大气 CO_2 浓度的时空变化比较多,而基于地面观测的区域尺度的碳通量模型则比较少;关于森林生态系统碳通量量化指标 GPP、NPP 的区域尺度估算已很成熟,而其他指标 NEP、NBP 和 Rh 的研究较少,尤其对于土壤异养呼吸考虑不足;大多数研究是某一区域或森林生态系统的静态估算和单一功能估计,缺乏综合动态分析、预测和评价;区域尺度的森林生态系统碳通量的无法直接进行测定,区域尺度 NPP、NEP 模型模拟结果的验证是一个难题。现有对中国陆地生态系统 NPP 的研究中,结果存在较大的波动,存在非确定性,且关于遥感数据和碳循环模型非确定性的研究较少。另外,虽然区域及全球通量网络的迅速发展为生态系统碳循环提供了有效途径,但由于时空代表性和尺度转换的限制,还缺少生态学过程机理性研究,以服务于模型的进一步改进和验证。

为更加准确、深入地研究森林生态系统的碳通量,未来区域尺度森林生态系统的碳通量研究方向,可归纳为 5 个方面:

(1)通过森林生态系统碳通量研究方法和模型的比较,加强对土壤呼吸影响因素的研究,将遥感信息与模型同化方法相结合,发展具有区域代表性且高精确度的通量模拟模型,提高模型结果的可靠性;

(2)加强森林生态系统碳循环各种情景和影响因素的综合分析,有效识别气候因子、土地利用变化、人类活动和自然扰动等不同因素对生态过程的影响,完善模型的碳氮水耦合模拟方法;

(3)发展和完善区域性通量研究网络,对现有观测站点空间代表性程度的定量分析评价,建立森林生态系统碳循环与通量观测数据库实现数据共享,加强区域及国际通观测网络合作；

（4）有效利用现有的长期观测网络数据，发展更有效的研究手段和估算方法，发展空-天-地三位一体化的多源观测 CO_2 浓度反演碳通量，开展多尺度、多过程、多途径和多学科的综合集成观测，提高结果准确性和估算精度；

（5）采用遥感和 GIS 技术进行森林生态系统基础信息的空间化和可视化研究，为森林生态系统碳通量模型模拟和研究提供信息服务，推动模型区域尺度应用。

2．Biome-BGC 模型应用研究分析

（1）现阶段 Biome-BGC 模型是研究区域及全球陆地生态系统碳收支的重要手段，已有的国内外研究成果表明 Biome-BGC 模型具有区域尺度森林生态系统碳通量模拟的合理性和广泛的区域适用性。该模型很好地应用于区域植被生产力的估算，模拟和研究当前或历史气候条件下的生态系统过程[131,132,178]；干扰和管理对生态系统的影响[133,143-148]；陆地生态系统对全球变化的响应[141,144-148,178,179]；陆地生态系统生产力的计算和动态变化模拟[180,181]。

（2）Biome-BGC 模型应用中目前存在的主要问题包括：在区域尺度的森林生态系统的 NEP 和土壤异养呼吸估算、模型参数优化，以及利用通量数据模型验证方面。Biome-BGC 模型区域应用主要有三个问题：模型所需输入数据、模型适宜性和模型模拟结果的验证和精度[182]。该模型建立在明确的机理之上，能够较好地模拟森林生态系统的行为和特征，但模型所需众多的参数，成为该模型具体应用的瓶颈；该模型已很好地用于区域森林生态系统生产力的估算，但森林生态系统具有地理分布地带性特征和动态变化，不确定性因素较多；同一研究区利用同一森林碳循环估算模型，在不同时空尺度下进行森林生态系统的碳循环模拟，所获得的模拟结果有所不同；区域尺度的森林生态系统碳通量无法直接进行测定，区域尺度模型模拟结果的验证一直是个难题。此外，在该模型模拟和应用过程中，模型关键参数的合理确定仍然存在很大困难，缺乏区域森林生态系统生理生态数据，以及模型输入数据和输出数据的有效管理，这些问题限制了 Biome-BGC 模型的区域尺度应用推广。因此，如何利用观测数据优化这些参数以提高模型结果的可靠性是森林生态系统碳循环研究一个迫切需要解决的问题[65]。

1.4　研究内容

针对区域尺度的森林生态系统碳通量的国内外相关研究现状及发展趋势和存在问题，以及 Biome-BGC 模型应用研究分析。本研究从模型输入数据、模型适宜性、模型模拟验证和精度问题入手，以我国东北森林为研究对象，借助遥感技术和地理信息系统技术，将通量数据、遥感数据、MT-CLIM 气候模拟模型和 Biome-BGC 过程模型相融合，优化模型参数，实现东北森林生态系统的碳通量估算以及时空分布格局分析。

本研究的具体内容，主要包括以下几个方面：

1．Biome-BGC 模型驱动数据

由于 Biome-BGC 模型的输入数据很多，在区域范围内这些数据具有多源性和复杂性，且模拟的精度和输入数据本身的精度相关。在保证模型输入数据质量的前提下，对 Biome-BGC 模型驱动数据进行处理，主要包括：大气的驱动数据，土壤参数、植被参数和逐日气象数据等。其中，逐日气象数据主要考虑 2 个关键问题：①逐日气象数据的选取是直接采用在地理上分布不均匀的地面气象观测站点进行常规气象要素空间插值，还是利用经过 ANUSPLIN 软件栅格化的经纬度均匀气象格点数据再插值生成区域气象栅格数据；②除了地面气象观测站点实测数据外，如何选取有效的途径获取或派生其他类型气象要素数据，一同作为 Biome-BGC 模型逐日气象数据输入文件。

2. Biome-BGC 模型参数优化

模型参数的取值对模拟结果影响很大，相同类型植被取相同的参数值，与实际情况不完全相符。Biome-BGC 模型参数优化不仅在于选出优化参数值以使得模型的模拟值最接近观测值，而是更着重于揭示客观的碳循环过程中生态过程模型应该如何取值[183]。传统的采用迭代"调参"的方法，工作量大且费时费力，主要取决于建模者的专业经验或专家知识。因此，有必要从模型参数优化方法的适用性入手，采取有效的方法和策略对 Biome-BGC 模型参数进行优化，结合数据同化技术，利用涡动相关通量观测数据，优化模型参数，调整模型状态变量，进一步完善该模型的碳通量模拟方法，从而满足 Biome-BGC 模型的区域适宜性，提高模型模拟精度。

3. 区域尺度 Biome-BGC 模型运行

Biome-BGC 模型运行是单点模式，对于区域尺度森林生态系统碳通量研究而言，如何实现区域尺度 Biome-BGC 模型运行是模拟的关键。另外，也应综合考虑多源时空数据量、计算时间效率、数据存储量和可视化等因素。遥感是空间数据采集和分类的有效工具，GIS 是管理和分析空间数据的有效工具。目前，ENVI/IDL 与 ArcGIS 为遥感和 GIS 的一体化集成提供了一个最佳的解决方案。本研究选取基于 ENVI/IDL 平台编程开发程序，将通量数据、遥感数据、MT-CLIM 气候模拟模型和 Biome-BGC 过程模型相融合；基于 Visual Studio2003 平台编写程序，将优化算法与 Biome-BGC 模型耦合，从而实现模型参数的优化。通过多种编程方法集成，在模型算法上和模型运行方式进行优化，有效地提高模型的运行速度，从而实现模型的区域化运行。

4. 东北森林碳通量时空模拟验证和评价

模型的精度验证是 Biome-BGC 模型模拟的一个非常关键的环节。为了对 Biome-BGC 模型模拟结果给予客观准确的评价，以森林资源清查样地数据、通量观测数据和遥感数据为基础进行精度验证。采用多种模型比较验证方法，对模拟结果进行对比分析和精度验证。

5. 东北森林碳通量时空分析

利用改进的 Biome-BGC 模型，分别估算不同时空尺度的东北森林生态系统的碳通量。在站点尺度上，模拟 2011 年帽儿山森林生态台站的日值碳通量(2 个)：总初级生产力

（GPP）和生态系统总呼吸（Re）。在区域尺度上，模拟的 2000—2015 年东北森林生态系统的月、年值碳通量结果（6 个），主要包括：总初级生产力（GPP）、净初级生产力（NPP）、净生态系统生产力（NEP）、维持呼吸（MR）、生长呼吸（GR）和异养呼吸（HR）。依据模型所模拟的东北森林生态系统碳通量结果，分别从森林生产力和森林呼吸的角度，按年际和年内时间尺度，按省域、林区和森林植被类型空间尺度，分别对森林生态系统碳通量模拟结果进行不同时空分布分析。

6. 干旱对东北森林碳源/汇的影响分析

基于多时间尺度 SPEI（SPEI01、SPEI03 和 SPEI12）和 NEP 数据，分析不同时间尺度东北干旱时空特征及其变化规律，以及东北森林碳源/汇的时空特征及其变化规律，探究干旱对东北森林碳源/汇的影响。其中，SPEI01、SPEI03 和 SPEI12，分别反映了月、季节和年时间尺度的干旱特征。SPEI 数值的大小表示干湿程度，其值越大表示越湿润，越小则表示越干旱。

1.5　研究方法

本研究所用方法主要包括：

（1）利用 GIS 空间分析和批处理方法，实现多源时空数据的栅格化；

（2）采用 MT-CLIM 气候模拟模型与空间插值方法相结合，基于气象格点数据集生成多时间序列的逐日气象栅格数据；

（3）通过数据同化技术，利用涡动相关通量观测数据，采用 PEST 和 EnKF 两种模型参数优化方法，优化模型参数，调整模型状态变量；

（4）借助 Visual Studio2003、ENVI/IDL 和 ArcGIS 技术，耦合优化算法与 Biome-BGC 模型，将通量观测数据、遥感数据、MT-CLIM 模型和 Biome-BGC 模型相结合，批量运行区域尺度 Biome-BGC 模型；

（5）森林资源清查样地、通量观测和遥感数据，以及模型间比较验证方法；

（6）采用常用统计方法、M-K 检测方法和 EOF 分析方法等，分析东北森林碳通量的时空特征，以及干旱对东北森林碳源/汇的影响。

1.6　技术路线

本研究以我国东北森林为研究对象，从站点尺度和区域尺度角度，构建适用于我国东北森林生态系统的区域尺度 Biome-BGC 模型。

本研究的技术路线（图 1.7）主要步骤包括：

（1）组织和预处理模型驱动数据；

（2）制定模型参数优化方案；

（3）基于 ENVI/IDL 平台实现区域尺度模型运行；

（4）验证模型模拟结果精度；

（5）估算 2000—2015 年东北森林生态系统的碳通量；

（6）分析东北森林碳通量的时空特征；

（7）探究干旱对东北森林碳源/汇的影响。

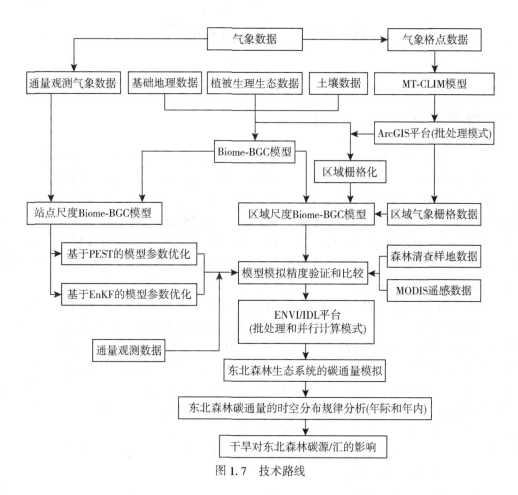

图 1.7 技术路线

第2章　研究区概况

2.1　地理位置

东北三省位于我国东北部,其包括黑龙江省、吉林省、辽宁省。拥有3大天然林林区:大兴安岭林区、小兴安岭林区和长白山林区,是东北森林生态系统的重要保障。

(1)黑龙江省,简称"黑"(https://www.hlj.gov.cn/),位于中国东北地区北部,是中国位置最北、纬度最高的省份,地跨东经121°11′—135°05′,北纬43°26′—53°33′,东西跨14个经度,南北跨10个纬度。北、东部与俄罗斯隔江相望,西部与内蒙古自治区相邻,南部与吉林省接壤。全省土地总面积$4.73×10^5km^2$(含加格达奇和松岭区),居全国第6位,边境线长2981.26km。

(2)吉林省,简称"吉"(http://www.jl.gov.cn/),位于中国东北地区中部,地跨东经121°38′—131°19′,北纬40°50′—46°19′,总面积$1.874×10^5km^2$。东西长约769.62km,南北宽约606.57km。具有沿边近海优势,是全国9个边境省份之一,是国家"一带一路"向北开放的重要窗口。南临辽宁省,西接内蒙古自治区,北与黑龙江省相连;东与俄罗斯接壤,东南部与朝鲜隔江相望。吉林省地处边境近海,边境线总长1438.7km,其中,中朝边境线1206km,中俄边境线232.7km。最东端的珲春市距日本海仅15km,距俄罗斯的波谢特湾仅4km。吉林省是国家生态建设试点省,有自然保护区58个,占全省面积的14.33%。长白山自然保护区被联合国确定为"人与生物圈"自然保留地,孕育着东北虎、东方白鹤等国际濒危野生物种。

(3)辽宁省,简称"辽"(http://www.ln.gov.cn/),位于我国东北地区南部,地跨东经118°53′—125°46′,北纬38°43′—43°26′,东西长约550km,南北宽约550km。南临黄海、渤海,东与朝鲜一江之隔,与日本、韩国隔海相望。全省面积$1.48×10^5km^2$,大陆海岸线长2292km,近海水域面积$6.8×10^4km^2$。

2.2　气候

东北三省大体属于温带季风气候,但由于部分地区纬度较高,夏季温暖而短促,冬季寒冷漫长,降雪多,蒸发小,气候湿润,低地多沼泽(冷湿)。所处温度带和干湿地区:大部分在中温带,少部分在寒温带和暖温带,湿润和半湿润区。

(1)黑龙江省属于寒温带与温带大陆性季风气候,全省从南向北,依温度指标可分为中温带和寒温带。从东向西,依干燥度指标可分为湿润区、半湿润区和半干旱区。全省气候的主要特征是春季低温干旱，夏季温热多雨，秋季易涝早霜，冬季寒冷漫长，无霜期短，气候地域性差异大。黑龙江省的降水表现出明显的季风性特征。夏季受东南季风的影响，降水充沛，冬季在干冷西北风控制下，干燥少雨。多年的年平均气温多在-2~3℃，由南向北降低，大致以嫩江、伊春一线为0℃等值线，其中1月为-30~-18℃，7月为18~22℃。年平均降水量为400~650mm，中部山区多，东部次之，西、北部少，集中在6—8月，生长季降水为全年总量的83%~94%。全省多年平均日照时数多在2400~2800h，南多北少，西多东少。

(2)吉林省属于温带大陆性季风气候，四季分明，雨热同季。春季干燥风大，夏季温暖多雨，秋季凉爽宜人，冬季寒冷漫长。从东南向西北由湿润气候过渡到半湿润气候再到半干旱气候，全省气温、降水、温度、风以及气象灾害等都有明显的季节变化和地域差异。年均气温为2~6℃，呈山地偏低、平原较高的特征。冬季平均气温在-11℃以下。夏季平原平均气温在23℃以上。全省气温年较差在35~42℃，日较差一般为10~14℃。全年无霜期一般为100~160天。全省多年平均日照时数为2259~3016h。年平均降水量为400~600mm，但季节、区域差异较大，其中80%集中在夏季，以东部降雨量最为丰沛。正常年份，光、热、水分条件可以满足作物生长需要。多年的年平均气温多在-3~7℃，其中1月为-18℃左右，7月为20~23℃。从东南向西北由湿润气候过渡到半湿润气候再到半干旱气候。全省多年平均日照时数为2259~3016h。

(3)辽宁省属于温带季风气候。境内雨热同季，日照丰富，积温较高，冬长夏暖，春秋季短，四季分明。雨量不均，东湿西干。多年的年平均气温在6~11℃之间，其中1月为-15~-5℃，7月为24℃左右。受季风气候影响，各地差异较大，自西南向东北，自平原向山区递减。年平均无霜期130~200天，一般无霜期均在150天以上，由西北向东南逐渐增多年降水量在600~1100mm，是东北地区降水量最多的省份。全省年日照时数2100~2600h，春季大部地区日照不足；夏季前期不足，后期偏多；秋季大部地区偏多；冬季光照明显不足。东部山地丘陵区年降水量在1100mm以上；西部山地丘陵区与内蒙古高原相连，年降水量在400mm左右，是辽宁省降水最少的地区；中部平原降水量比较适中，年平均降水量在600mm左右。

2.3 地形地貌

东北三省的地形以平原、山地为主，总面积约7.873×10⁵km²，北部为黑龙江畔，南部为渤海和黄海，东部为长白山脉，西部为大兴安岭；分布的长白山、兴安岭是东北生态系统的重要天然屏障；拥有三江平原(最东)、松嫩平原(居中)、辽河平原(最南)，土壤肥沃，土层深厚。

(1)黑龙江省的地貌特征为"五山一水一草三分田"。地势大致是西北、北部和东南部高，东北、西南部低，主要由山地、台地、平原和水面构成。西北部为东北—西南走向的大兴安岭山地，北部为西北—东南走向的小兴安岭山地，东南部为东北—西南走向的张广才岭、老爷岭、完达山脉。兴安山地与东部山地的山前为台地，东北部为三江平原(包括兴凯湖平原)，西部是松嫩平原。黑龙江省山地海拔高度大多在300~1000m，面积约占全省总面积的 58%；台地海拔高度在 200~350m，面积约占全省总面积的 14%；平原海拔高度在 50~200m，面积约占全省总面积的 28%。

(2)吉林省的地貌形态差异明显，地势由东南向西北倾斜，呈明显的东南高、西北低的特征。以中部大黑山为界，可分为东部山地和中西部平原两大地貌区。东部山地分为长白山中山低山区和低山丘陵区，中西部平原分为中部台地平原区和西部草甸、湖泊、湿地、沙地区。地形地貌主要有火山地貌、侵蚀剥蚀地貌、冲洪积地貌和冲积平原地貌。主要山脉有大黑山、张广才岭、吉林哈达岭、老岭、牡丹岭等。主要平原有松嫩平原、辽河平原。在总面积中，山地占 36%，平原占 30%，台地及其他占 28.2%，其余为丘陵。

(3)辽宁省的地形概貌大致是"六山一水三分田"，地势大体为北高南低，从东南部和西北部向中央倾斜，由陆地向海洋倾斜；山地丘陵分列于东西两侧，东部由东北向西南倾斜，西部自西北向东南倾斜，形成两翼高、中间低，向中部平原倾斜，呈马蹄形向渤海倾斜，由山地、丘陵和平原构成。境内山地、丘陵和平原交错，山地、丘陵占全省总面积 60%左右，平地占 33%，水域及其他约占 7%。地貌划分为三大区：东部山地丘陵区、西部低山地丘陵区及中部辽河平原区。东部山地丘陵区为长白山脉从东北向西南之延伸部分，海拔 500~800m；辽河平原位于东西部山地、丘陵之间，向东北延伸与松嫩平原相接，地势低洼平坦，面积约 3000km²；西部低山、丘陵区由西北向东南倾料，东部各山一般海拔 300~500m；西南向的医巫闾山、松岭、黑山、努鲁儿虎山等的海拔较高。

2.4　水文

东北三省有黑龙江、乌苏里江、松花江、辽河、鸭绿江等主要河流，具有巨大的经济价值和生态价值。河流的水文特征：由于冰雪消融，水位通常在 4 月时开始上升，形成春汛，但因积雪深度不大，春汛流量较小；春汛延续时间较长，可与雨季相连续，春汛与夏汛之间没有明显的低水位。春汛期间因流冰阻塞河道形成的高水位，在干旱年份甚至可以超过夏汛水位。河水一般在 10 月末或 11 月初结冰，冰层可厚达 1m。结冰期间只依靠少量地下水补给，1—2 月出现最低水位。纬度较高，气温低，蒸发弱，地表径流比我国北方其他地区丰富，径流系数一般为 30%，全年流量变化较小。

(1)黑龙江省的江河湖泊众多，有黑龙江、乌苏里江、松花江、绥芬河四大水系，现有流域面积 50km² 及以上河流 2881 条，总长度为 9.21×10⁴km。现有常年水面面积 1km² 及以上湖泊 253 个，其中：淡水湖 241 个，咸水湖 12 个，水面总面积 3037km²(不含跨国界湖泊境外面积)。主要湖泊有兴凯湖、镜泊湖、连环湖等湖泊。

(2)吉林省的河流湖泊众多，主要河流有松花江、鸭绿江、图们江、牡丹江、绥芬河、浑江等，湖泊有长白山天池、松花湖、月亮泡、大布苏湖和查干湖等。吉林省是河源省份，位于东北地区主要江河的上、中游地带。长白山天池周围火山锥体是松花江、鸭绿江、图们江三江的发源地，素有"三江源"的美誉。全省河流和湖泊水面 2.655×10⁵hm²。省内流域面积在 20km² 以上的大小河流有 1648 条，分别属于松花江、辽河、鸭绿江、图们江、绥芬河五大水系。全省水面在百亩(0.067km²)以上的湖泊共 1397 处，主要有火口湖、河成湖和内陆湖三种。东部山区河网密度大、地表径流量大，地下水则东部山区少，西部平原区丰富。水能资源98%分布在东部山区。全省建成大型水库9座、中型水库94座、小型水库515座。引嫩入白、哈达山水利枢纽等重点水利工程投入使用。

（3）辽宁省的水系发达，主要河流有：辽河、浑河、太子河、大凌河、小凌河和鸭绿江等。境内有大小河流300余条，其中，流域面积在5000km以上的有17条，在1000~5000km的有31条。主要有辽河、浑河、大凌河、太子河、绕阳河以及中朝两国共有的界河鸭绿江等，形成辽宁省的主要水系。辽河是省内第一大河流，全长1390km，境内河道长约480km，流域面积$6.92×10^4km^2$。境内大部分河流自东、西、北三个方向往中南部汇集注入海洋。河流水文特点为：河道平缓，含沙量高，流量年内分配不均，泄洪能力差，易生洪涝。东部河流水清流急，河床狭窄，适于发展中小水电站。

2.5　自然资源

2.5.1　森林资源

东北三省的林业用地面积为$4.095×10^7hm^2$，其中，森林面积$3.348×10^7hm^2$，人工林面积$7.345×10^6hm^2$，森林覆盖率41.50%，森林蓄积量$3.158×10^9m^3$（数据来源于《中国环境统计年鉴（2004—2020年）》中国及各省森林资源指标面板数据）。

（1）黑龙江省林业用地面积$2.454×10^7hm^2$：森林面积$1.991×10^7hm^2$，人工林面积$2.433×10^6hm^2$，森林覆盖率43.78%，活立木总蓄积量$1.780×10^9m^3$，森林蓄积量$1.847×10^9m^3$。森林树种达100余种，利用价值较高的有30余种。天然林资源是黑龙江省森林资源的主体，主要分布在大、小兴安岭和长白山山脉及完达山。主要树种有红松、水曲柳、落叶松、白桦、山场等。

（2）吉林省林业用地面积$9.048×10^6hm^2$：森林面积$7.849×10^6hm^2$，人工林面积$1.759×10^6hm^2$，森林覆盖率41.49%，活立木总蓄积量$9.880×10^8m^3$，森林蓄积量$1.013×10^9m^3$。主要树种有红松、柞树、水曲柳、黄菊等。长白山区素有"长白林海"之称，是中国六大林区之一，树木有红松、柞树、水曲柳、黄菠萝等，种类繁多。长白松为长白山特有的珍稀树种，因其树干挺拔、树皮鲜艳、树形娇美而被称作"美人松"，并列入1999年国务院公布的《国家重点保护野生植物名录》。

（3）辽宁省林业用地面积$7.359×10^6hm^2$：森林面积$5.718×10^6hm^2$，人工林面积$3.153×10^6hm^2$，森林覆盖率39.24%，活立木总蓄积量$2.590×10^8m^3$，森林蓄积量$2.975×10^8m^3$。该区属长白山植物区系，主要森林类型是以红松为主的针阔混交天然次生林，主要树种包括落叶松、红松、柞树等。

2.5.2　动物资源

（1）黑龙江省野生动物共476种，其中兽类88种、鸟类361种、爬行类16种、两栖类11种。属国家一级保护的兽类有东北虎、豹、紫貂、貂熊、梅花鹿5种，鸟类有丹顶鹤、大鸨、白鹳、中华秋沙鸭等12种；属国家二级保护的兽类有马鹿、黑熊、棕熊、雪兔等11种，鸟类有大天鹅、花尾榛鸡、鸳鸯等56种。其中有许多都是黑龙江省乃至全国十分珍贵的野生动物,如东北虎、紫貂、梅花鹿、马鹿等。鸟类中久负盛名的"飞龙"即是分布在全省的花尾榛鸡。

(2)吉林省野生动物共 445 种,其中两栖类 14 种,爬行类 16 种,鸟类 335 种,兽类 80 种,约占全国野生动物各类数量的 17.66%,其中鸟类占全国各类数量的 30.36%。列入《国家重点保护野生动物名录》的 76 种,其中兽类 14 种,鸟类 61 种;国家一级保护野生动物 18 种,二级保护野生动物 58 种,列为国家保护有益的或者有重要经济、科学研究价值的陆生野生动物 291 种。其中吉林省珲春市有"中国东北虎之乡"称号。国家一级保护动物品种有东北虎、豹、梅花鹿、东方白鹳、丹顶鹤、白鹤、大鸨等。

(3)辽宁省的动物种类繁多,有两栖、哺乳、爬行、鸟类动物 827 种。其中,有国家一类保护动物 6 种,二类保护动物 68 种,三类保护动物 107 种。具有科学价值和经济意义的动物有白鹳、丹顶鹤、蝮蛇、爪鲵、赤狐、海豹、海豚等。鸟类 400 多种,占中国鸟类种类的 31%。近海生物资源丰富,品种繁多,有 3 大类 520 多种。第一类浮游生物 107 种;第二类底栖生物 280 多种,主要有蛤、蚶、鲍鱼、海胆、牡蛎、海参、扇贝等;第三类游泳生物 137 种,包括头足类和哺乳类动物。辽宁省沿海捕捞业直接利用的底栖生物和游泳生物有鱼类 117 种,其中有经济价值的 70 多种,如小黄鱼、大黄鱼、带鱼、鲅鱼、鳕鱼、鲳鱼等;虾类 20 多种,主要是对虾、毛虾、青虾等;蟹类 10 多种,主要是梭子蟹和中华绒螯蟹等;贝类 20 多种,主要有蚶、蛤、蛏等。开发近海渔业生产潜力相当可观。近海水域二级生产力达 320 万吨,其中滩涂养贝生产潜力 100 万吨,沿岸动物生产潜力近 150 万吨,深水动物生产潜力 70 万吨。

2.5.3　矿产资源

(1)黑龙江省共发现各类矿产 135 种(含亚矿种),已查明资源储量的矿产有 84 种(含亚矿种),占全国 2013 年度已查明 229 种矿产(含亚矿种)资源储量的 36.68%。在 84 种矿产中,除石油、天然气、地热、铀矿、地下水、矿泉水外,其他 78 种矿产的资源储量均按《固体矿产资源/储量分类》标准编入《截至二〇一四年底黑龙江省矿产资源储量表》中。已查明资源储量的 84 种矿产按工业用途分为 9 大类,其中能源矿产 6 种;黑色金属矿产 3 种;有色金属矿产 11 种;贵金属矿产 6 种;稀有、稀散元素矿产 8 种;冶金辅助原料非金属矿产 7 种;化工原料非金属矿产 7 种;建材和其他非金属矿产 34 种;水气矿产 2 种。已发现尚无查明资源储量的各类矿产 51 种。

(2)吉林省矿产资源种类比较丰富,经地质勘察,已知有储量矿种 74 种,其中属于富矿并能满足长期经济发展需要的矿产有钼、镍、硅藻土、硅灰石、浮石、火山渣、油页岩、膨润土、软质耐火黏土等;尚有潜力可挖并能适应经济建设近中期发展需要的矿产有金、银、铁、硼、隐晶质石墨等;此外,还有煤、铜、铅、锌、硫、磷等,这些矿产资源虽不丰足,但仍有一定藏量。矿产资源大多分布在东部长白山区,而石油、天然气、油页岩等能源资源,则主要埋藏在松辽平原地区。矿产资源按其性能与功用可分为能源矿产,主要包括煤、油页岩、石油和天然气等;金属矿产,黑色金属矿产,为 5 种;有色金属矿产,为 10 种;贵金属矿产只有 2 种;稀土和稀散元素矿产为 10 种;以及非金属矿产,有 40 余种。

(3)辽宁省处于环太平洋成矿北缘，地质成矿条件优越，矿产资源丰富，已发现各类矿产 110 种，其中已获得探明储量的有 66 种(不含石油、天然气、煤层气、放射性矿产、地下水和矿泉水)，矿产地 672 处。对国民经济有重大影响的 45 种主要矿产中，辽宁省有 36 种 620 处矿产地。辽宁的菱镁矿是世界上具有优势的矿种，质地优良、埋藏浅，保有资源量矿石量 25.6 亿吨，分别占中国和世界的 85.6% 和 25% 左右，在中国具有优势的矿产还有硼、铁、金刚石、滑石、玉石、石油等 6 种，保有资源量分别占中国的 56.4%(硼矿)、24.0%(铁矿)、51.4%(金刚石)、20.1%(滑石)、7.9%(石油)，其中，硼矿、铁矿和金刚石居中国首位，滑石和玉石居中国第二位，石油居中国第四位。具有比较优势的矿产主要有煤、煤层气、天然气、锰、钼、金、银、熔剂灰岩、冶金用白云岩、冶金用石英岩、硅灰石、玻璃用石英石、珍珠岩、耐火黏土、水泥用灰岩、沸石等 16 种。

2.6 本章小结

本章从地理位置、气候、地形地貌、水文和自然资源等方面，分别介绍了研究区的基本情况，为进一步模型模拟研究奠定扎实的理论基础。

第3章 数据获取与数据处理

3.1 气象数据获取与处理

3.1.1 气象数据获取

采用的 2000—2015 年逐日气象和降水量数据来源于中国气象科学数据共享服务网（http：//cdc. nmic. cn/home. do），主要包括：中国地面气温日值和降水日值 0.5°×0.5°格点数据集（V2.0）。该数据集基于国家气象信息中心的地面台站，利用 ANUSPLIN 软件的薄盘样条法（Thin Plate Spline，TPS）将 2472 个国家级气象观测站的基本气象要素资料和降水资料进行空间插值，生成中国地面水平分辨率 0.5°×0.5°的日值气温和降水格点数据。数据格式为 ASCII，主要包括：日最高气温（℃）、日最低气温（℃）、日平均气温（℃）和日降水量（mm）等气象变量。

3.1.2 气象数据处理

通过 ArcGIS 软件进行投影变换、掩膜裁切和数据格式转换操作，将气象格点 ASCII 数据格式转换为矢量点要素数据，WGS-84 坐标系，获得本研究区域 362 个气象点，数据格式为 Shapefile 格式。基于气象格点要素数据，采用 MT-CLIM 模型模拟获取模型所需的其他气象数据。Biome-BGC 模型气象驱动数据主要包括：最高气温（℃）、最低气温（℃）、降水量（cm）、白天平均气温（℃）、降水量（cm）、湿度（Pa）、入射太阳短波辐射（W·m^{-2}）和昼长（s）。利用 ANUSPLIN 软件的薄盘样条法，将 362 个气象点的气象数据和 MT-CLIM 模型模拟气象数据依次进行空间插值处理，从而获得研究区的气象数据空间分布，空间分辨率为 1km，数据格式为 TIFF。

3.2 大气数据获取与预处理

3.2.1 大气数据获取

模型所需大气数据主要包括大气 CO_2 浓度数据和大气 N 沉降数据。本研究所采用大气 CO_2 浓度数据来源于美国的夏威夷莫纳罗亚气象台（Mauna Loa Observatory）的观测数据集（http：//www.esrl.noaa.gov/gmd/obop/mlo/）。假设大气 CO_2 浓度无空间变化，大气 CO_2 浓度由 1901 年的 280ppm 上升到 2015 年的 400.83ppm（图 3.1），数据格式为 ASCII。大气 N 沉降数据是基于大气 CO_2 浓度数据由 Biome-BGC 模型间接计算获取。

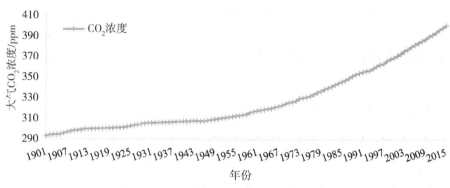

图 3.1 1901—2015 年大气 CO_2 浓度的变化

3.2.2 大气数据处理

假设大气 N 沉降随着大气 CO_2 浓度的增加而增加，采用模型中 CO_2 浓度和大气 N 沉降之间斜率关系。在模型运行中，基于大气 CO_2 浓度数据，依据两者之间定量关系自动计算获取大气 N 沉降数据。

$$N_{dep\_scalar} = \frac{(N_{dep\_ind} - N_{dep\_preind})}{(CO_{2\,sim\_year} - CO_{2\,first\_year})} \tag{3-1}$$

$$N_{dep\_diff} = (CO_{2\,ind\_year} - CO_{2\,first\_year}) \times N_{dep\_scalar} \tag{3-2}$$

$$N_{dep} = N_{dep\_preind} + N_{dep\_diff} \tag{3-3}$$

式中：N_{dep_scalar} 是大气 N 沉降和大气 CO_2 浓度的斜率关系，即大气 N 沉降标量；N_{dep_ind} 是参考年工业 N 沉降，N_{dep_preind} 是工业化前期 N 沉降；N_{dep_diff} 是 N 沉降的变化量；N_{dep} 当前模型模拟年的 N 沉降值，单位为 $kgN \cdot m^{-2} \cdot yr^{-1}$；$CO_{2\,sim\_year}$ 是当前模拟年的大气 CO_2 浓度，$CO_{2\,first\_year}$ 是模拟开始第一年的大气 CO_2 浓度，$CO_{2\,ind\_year}$ 是参考年大气 CO_2 浓度，单位为 ppm。

3.3 基础地理数据获取与预处理

3.3.1 基础地理数据获取

采用的基础地理数据数字高程模型数据来源于寒区旱区科学数据中心（http：//westdc.westgis.ac.cn/）。中国 1km 分辨率数字高程模型数据集，数据格式为 Geotiff（*.tif），投影类型为 Albers Conical Equal Area。

3.3.2　基础地理数据处理

根据模型需求，将中国 1km 分辨率数字高程模型数据，通过 ArcGIS 进行投影变换、掩膜裁切和表面分析等操作，派生模型所需的其他地形因子栅格数据(坡度、坡向、经度和纬度等)，获取研究区空间分辨率 1km 的基础地理数据。

3.4　土壤质地数据获取与处理

3.4.1　土壤质地数据获取

采用的土壤质地数据集来源于寒区旱区科学数据中心(http://westdc. westgis. ac. cn/)。中国土壤特征数据集[197]是基于第二次土壤普查的 1∶100 万中国土壤图和 8595 个土壤剖面，采用多边形连接法将两者连接起来，得到土壤砂粒、粉粒和粘粒含量图。连接时考虑了剖面与图斑间的距离、土壤剖面个数和土壤分类信息。投影类型为 GCS_Krasovsky_1940，空间分辨率为 0.00833°(约 1km)，数据格式为 TIFF(*. tif)，主要包括：表层(0~30cm)砂粒(sand1. tif)含量和黏粒含量(clay1. tif)；底层(30~100cm)砂粒含量(sand2. tif)和黏粒含量(clay2. tif)，取值范围：0%~100%。

3.4.2　土壤质地数据处理

土壤质地是土壤物理性质之一，指土壤中不同大小直径的矿物颗粒的组合状况。根据模型需求，假设土壤深度 1m 时，无石砾的情况下，黏粒、粉粒和砂粒的含量。通过 ArcGIS 进行投影变换、掩膜裁切和栅格计算等操作，将表层(0~30cm)和底层(30~100cm)土壤深度的数据转换为 1m 土壤深度的数据，表层占土壤总深度的 30%，底层占土壤总深度的 70%。由于三者百分比之和为 100%，因此基于砂粒粉和黏粒数据派生计算粉粒数据，从而获取了土壤质地的砂粒(sand)、粉粒(silt)和黏粒(clay)数据。

3.5　植被功能型数据获取与处理

3.5.1　植被功能型数据获取

植被功能型数据来源于寒区旱区科学数据中心(http://westdc. westgis. ac. cn/)。植被功能型(PFT)是根据植物种的生态系统功能及其资源利用方式而对植物种进行的组合，每一种植被功能型共享相似的植物属性，是将植物种的多样性简化为植物功能和结构的多样性[185,186]。中国 1km 植被功能型图[191]，投影类型为 GCS_Krasovsky_1940_Albers，数据格式为 GRID。

3.5.2 植被功能型数据处理

根据模型需求，参考中国植被功能型分类体系(表3.1)，将中国植被功能型与植被功能型合并考虑，确定该数据的分类体系，采用 ArcGIS 栅格重分类方法，从而获得本研究区模型植被功能型分类图。其中，在 Biome-BGC 模型的植被功能型分类中，常绿阔叶林属于热带类型。由于东北森林无此类型，因此，在重分类结果上，将该类型合并到落叶阔叶林类型中处理，研究区域内这样的像元个数不多，但在分类处理中应该注意该问题。通过 ArcGIS 进行投影变换、掩膜裁切和栅格重分类等操作，将中国 1km 植被功能型图的分类体系与 Biome-BGC 模型需求相结合，获得植被功能型图，数据格式为 TIFF(＊.tif)。

表 3.1 不同植被分类方案的对比

类别	中国植被功能型	Biome-BGC 模型植被功能型	森林植被类型
1	—	—	—
2	常绿针叶林，温带	常绿针叶林，冷气候	针叶林
3	常绿针叶林，北方森林	落叶针叶林	阔叶林
4	落叶针叶林	常绿阔叶林，热带	混交林
5	常绿阔叶林，热带	落叶阔叶林	—
6	常绿阔叶林，温带	C3 草地	—
7	落叶阔叶林，热带	C4 草地	—
8	落叶阔叶林，温带	常绿灌木	—
9	落叶阔叶林，北方森林	—	—
10	常绿阔叶灌木，温带	—	—
11	落叶阔叶灌木，温带	—	—
12	落叶阔叶灌木，北方森林	—	—
13	C3 草地，寒带	—	—
14	C3 草地	—	—
15	C4 草地	—	—
16	作物	—	—
17	永久湿地	—	—

3.6　通量数据获取与处理

3.6.1　通量数据获取

通量观测数据来源于帽儿山森林生态站，该生态站位于 $45°25'N$，$127°38'E$，在黑龙江省尚志市帽儿山东北林业大学实验林场内，属于典型的温带大陆性季风气候。平均海拔 400m，平均坡度 $15°$[76]；年平均气温 $3.1℃$，年降水量 629mm。植被属长白植物区系，原始地带性植被为阔叶红松林，现为东北东部山区较典型的天然次生林区，次生林类型多样且具有代表性，群落类型有硬阔叶林、软阔叶林、针叶林和针阔混交林。

装配在塔上的三维声波风速计和温度计（CSAT3，Campbell Scientific Inc.，USA）分别测定风速和温度的变化，利用闭路红外气体分析仪（LI-7000，Licor Inc，USA）和三维超声波风速仪分别测定 CO_2 和水蒸气的变化。该生态站采集半小时的气象数据，包括气温、相对湿度、风速、降水、总太阳辐射、净辐射、长波辐射等；半小时的通量数据包括潜热通量、显热通量、净生态系统碳交换量（Net Ecosystem Carbon Exchange，NEE）、总生态系统初级生产力（Gross Primary Productivity，GPP）和生态系统总呼吸（Respiration Ecosystem，Re）等。

3.6.2　通量数据处理

本研究收集了 2011 年 1 月 1 日至 2011 年 12 月 31 日，共 365 天，帽儿山森林生态站涡度相关通量的观测数据。帽儿山通量观测塔创建于 2007 年，塔高 36m。通量塔周围植被为天然阔叶落叶林，林龄约为 60a，林层高约 18m，林分复层结构，下层灌木发育良好[188]。对现有的通量数据进行质量控制和选择，并将半小时气象观测数据和通量观测数据转换为日尺度。其中，逐日气象数据作为 Biome-BGC 模型驱动数据；GPP 和 Re 通量数据用于模型验证和参数优化。

3.7　森林资源清查数据获取与处理

3.7.1　森林资源清查数据获取

本研究的模型验证数据是东北小兴安岭地区的森林资源清查固定样地数据，该森林植被类型具有东北森林的区域代表性，以针叶林、阔叶林和混交林为主，样地数据获取与预处理以本实验室研究团队的前期研究的基础[18]。采用森林清查固定样地数据计算 2003—2006 年 NPP 年值作为本研究模型模拟验证数据，固定样地为 280 个。

3.7.2　森林资源清查数据处理

森林固定样地 NPP 计算的基本流程为：

（1）计算样地生物量和样地的蓄积量；

（2）估计生物量转换因子连续函数的参数；

（3）利用林分生长与收获预估模型估算出调查年份以后的逐年蓄积量；

（4）将估算出的蓄积量转换成逐年的生物量；

（5）将相邻两年的生物量求差值再乘以碳的转换系数。

本研究小兴安岭地区的森林碳转换系数为 0.455，从而获得各个年份的森林 NPP 年值。在模拟验证时，由于森林资源清查固定样地数据计算的 NPP 年值仅是森林地上部分碳量，但地上部分占碳量的比重较大，可近似认为计算的 NPP 年值是森林主体 NPP 值，而模型模拟 NPP 是包括森林地上和地下的两部分碳量。因此，本研究模拟验证主要是比较两者 NPP 年值在总体趋势上的变化。

3.8 遥感数据获取与处理

3.8.1 遥感数据获取

采用的土地覆盖数据和 MODIS 遥感数据产品来源于美国地质勘探局（图 3.2）（https：//lpdaac.usgs.gov/）。研究区域范围与 MODIS 产品所对应的行列号为：h25v03、h26v03、h26v04、h27v04 和 h27v05。

图 3.2 美国地质勘探局

（1）2011 年土地覆盖数据（MCD12Q1），时间分辨率为年，空间分辨率为 500m，每年 1（年）×5（幅），共计 5 幅。数据格式为 HDF 格式（＊.hdf），投影类型为 Sinusoidal。MODIS 土地覆盖类型产品（表 3.2 和表 3.3），包括从每年 Terra 卫星数据中提取的土地覆盖特征不同分类方案的数据分类产品。MODIS Terra 数据 1km 土地覆盖类型年合成栅格数据产品包含 5 种不同的土地覆盖分类体系，数据分类来自监督决策树分类方法。

第一类土地覆盖：国际地圈生物圈计划（IGBP）分类方案；

第二类土地覆盖：马里兰大学(UMD)分类方案；

第三类土地覆盖：MODIS 提取叶面积指数(LAI)分类方案；

第四类土地覆盖：MODIS 提取净第一生产力(NPP)分类方案；

第五类土地覆盖：植被功能型(PFT)分类方案。

在模型验证时，按森林植被类型进行针叶林、阔叶林和混交林的林型统计。另外，在与其他模型研究比较时，需要将本研究区的森林植被类型重分类。参考 MODIS 土地覆盖类型 IGBP 分类体系，将土地覆盖类型与植被功能型合并考虑，确定该数据的分类体系。

表 3.2　土地覆盖数据说明

名称	说　　明	单位	有效范围
LC_Type1	Land Cover Type 1：Annual International Geosphere-Biosphere Programme (IGBP) classification	Class	1~17
LC_Type2	Land Cover Type 2：Annual University of Maryland (UMD) classification	Class	0~15
LC_Type3	Land Cover Type 3：Annual Leaf Area Index (LAI) classification	Class	0~10
LC_Type4	Land Cover Type 4：Annual BIOME-Biogeochemical Cycles (BGC) classification	Class	0~8
LC_Type5	Land Cover Type 5：Annual Plant Functional Types classification	Class	0~11

表 3.3　土地覆盖的分类方案

类别	LC_Type1 (IGBP)	LC_Type2 (UMD)	LC_Type3 (LAI)	LC_Type4 (BGC)	LC_Type5 (PFT)
0	—	水体	水体	水体	水体
1	常绿针叶林	常绿针叶林	草地	常绿针叶林	常绿针叶林
2	常绿阔叶林	常绿阔叶林	灌木	常绿阔叶林	常绿阔叶林
3	落叶针叶林	落叶针叶林	阔叶作物	落叶针叶林	落叶针叶林
4	落叶阔叶林	落叶阔叶林	稀树草原	落叶阔叶林	落叶阔叶林
5	混交林	混交林	常绿阔叶林	一年生阔叶植被	灌木地
6	郁闭灌丛	郁闭灌丛	落叶阔叶林	一年生草本植被	草地
7	稀疏灌丛	稀疏灌丛	常绿针叶林	无植被覆盖区	谷类作物
8	有林的草原	多树的草原	落叶针叶林	城市和建成地	阔叶作物
9	稀树草原	稀树草原	无植被覆盖区		城市和建筑用地
10	草地	草地	城市和建筑用地		永久积雪

类别	LC_Type1 (IGBP)	LC_Type2 (UMD)	LC_Type3 (LAI)	LC_Type4 (BGC)	LC_Type5 (PFT)
11	永久湿地	永久湿地			裸地
12	作物	作物			
13	城市和建筑用地	城市和建筑用地			
14	农田/自然植被的镶嵌体	农田/自然植被的镶嵌体			
15	永久积雪	无植被覆盖区			
16	裸地				
17	水体				

（2）2000—2014 年 MODIS 净生产力数据 MODIS NPP（MOD17A3），时间分辨率为年，空间分辨率为 500m，1（年）×5（幅）×15（年），共计 75 幅。数据格式为 HDF 格式（＊.hdf），投影类型为 Sinusoidal（表 3.4）。

表 3.4　　　　　　　　　　**MODIS NPP 数据说明**

名称	说明	单位	有效范围	比例系数
Npp_500m	Net Primary Productivity	kg C·m^{-2}	−30000~32700	0.0001
Npp_QC_500m	Quality Control Bits	Bit Field	0~254	N/A

3.8.2 遥感数据处理

依据模型要求，对 MODIS 两种数据产品进行处理，采用 MRT 软件进行遥感影像批量镶嵌、投影变换、重采样和格式转换的操作（图 3.3）。在 ArcGIS 批处理模式下，批量掩膜裁切，获得空间分辨率为 1km 的 WGS-84 坐标系土地覆盖分类数据和初级生产力数据。

MRT 软件处理在 DOS 环境下运行，以 MOD17A3 影像数据为例，批处理命令示例：

d：

d：\ Program Files \ MRT \ bin

java -jar MRTBatch. jar -d D：\ data -p D：\ results \ MOD17A3. prm -o D：\ results MRTBatch. bat

说明：MRT 软件安装后，需要对环境变量进行设置。-d D：\ data 为输入文件路径；-p D：\ results \ MOD17A3. prm 为参数文件路径；-o D：\ results 为输出文件路径。MRTBatch. bat 为批处理模式。

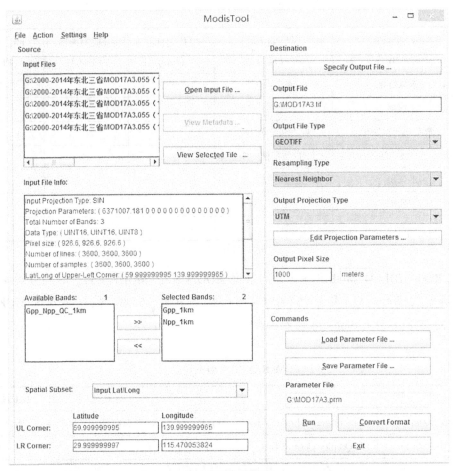

(a) MRT 参数设置

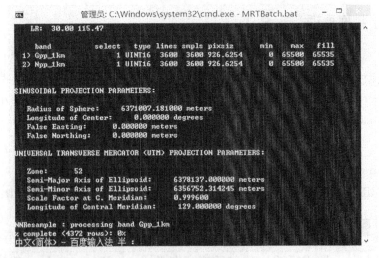

(b) MRT 批量运行

图 3.3 MRT 软件批量数据处理界面

3.9　干旱指数数据获取与处理

3.9.1　干旱指数数据获取

标准化降水蒸散指数(Standardize Precipitation Evapotranspiration Index，SPEI)是通过标准化潜在蒸散与降水的差值的累积概率值表征一个地区干湿状况偏离常年的程度，适合于半干旱、半湿润地区不同时间尺度干旱的监测与评估。干旱指数数据来源于全球 SPEI 栅格数据集(SPEIbase V.2.6)，数据格式为 NetCDF(*.nc)，空间坐标系为 WGS-84，空间分辨率为 0.5°，时间分辨率为月尺度(http：//digital.csic.es/handle/10261/202305)，其具有多时间尺度特征，提供了 1~48 个月的 SPEI(图 3.4)。

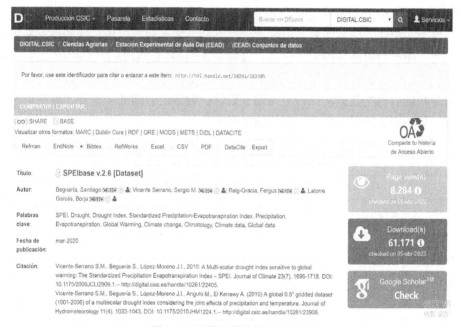

图 3.4　干旱指数数据下载界面

3.9.2　干旱指数数据处理

本研究选取 1 月(SPEI01)、3 月(SPEI03)、12 月(SPEI12)的 SPEI 数据，通过 ArcGIS 进行投影变换、空间插值和掩膜裁切等操作，获得 2000—2015 年研究区多时间尺度 SPEI 逐月数据，16(年)×12(月)×3(时间尺度)，共计 576 幅，数据格式为 TIFF(*.tif)，空间分辨率为 1km。SPEI 数值的大小表示干湿程度，其值越大表示越湿润，值越小表示越干旱，无量纲。根据国家标准《气象干旱等级》(GB/T 20481—2017)，基于 SPEI 进行干旱等级分类(表 3.5)。

表 3.5 　　　　　　　　　　　　　　　　SPEI 的干旱等级

等级	类型	SPEI
1	无旱	$-0.5 < \text{SPEI}$
2	轻旱	$-1.0 < \text{SPEI} \leqslant -0.5$
3	中旱	$-1.5 < \text{SPEI} \leqslant -1.0$
4	重旱	$-2.0 < \text{SPEI} \leqslant -1.5$
5	特旱	$\text{SPEI} \leqslant -2.0$

3.10　本章小结

本章对 Biome-BGC 模型所需驱动数据、验证数据获取和数据处理进行了说明。模型的驱动数据主要包括：气象数据、大气数据、基础地理数据、土壤质地数据以及植被生理生态数据等。模型的验证数据主要包括：森林资源清查固定样地数据和 MODIS NPP 遥感数据产品(表 3.6)。利用遥感和 GIS 技术进行规范化，将多源时空数据处理转换为具有一致空间划分格局的栅格数据，保证空间的一致性、数据内容间的一致性和数据标准化，满足本研究区域的实际情况和模型所需的精度要求。

表 3.6 　　　　　　　　　Biome-BGC 模型的驱动数据和验证数据

时间	空间分辨率	时间分辨率	数据预处理	数据类型
2011 年	站点	日	帽儿山通量塔观测数据	模型驱动和验证
2000—2015 年	1km	日	气象格点数据	模型驱动
2009 年	1km	年	基础地理数据	模型驱动
2010 年	1km	年	土壤质地数据	模型驱动
2000 年	1km	年	植被生理生态数据	模型驱动
2011 年	1km	年	MODIS 土地覆盖数据	模型驱动
2003—2006 年	1km	年	小兴安岭森林资源清查数据	模型验证
2000—2014 年	1km	年	MODIS NPP 数据	模型验证

第4章 Biome-BGC 模型的基本原理

4.1 Biome-BGC 模型结构

Biome-BGC 模型以日为步长，模拟陆地生态系统大气-植物-土壤之间碳、氮和水生态循环过程以及通量和状态(图 4.1)。模型的前提假设：①在空间上，每个空间单元都是均质的，可以用一组模型参数来表示该单元的性质。模型在整个目标区域的每一个空间单元上运行，但每个单元是独立的，与其他单元不存在相互作用。②在时间上，整个模拟时间段内忽略的生态系统动态演替，忽略不同植被功能型之间的竞争关系，而是仅采用用户设置的植被功能型进行模拟。

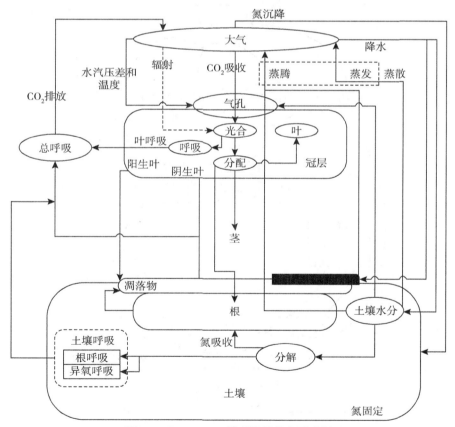

图 4.1 Biome-BGC 模型模拟的主要过程

4.2　模型的主要过程算法

Biome-BGC 模型属于机理模型,用来模拟陆地生态系统大气-植被-土壤之间的生物地球化学循环过程(图 4.2)。①按模型算法性质,Biome-BGC 模型过程算法可以划分为物理模型过程和生理生态模型过程,前者计算辐射和水循环过程,而后者计算碳和氮循环过程。②按时间尺度,Biome-BGC 模型过程算法可划分为日尺度的过程算法和年尺度的过程算法。日尺度的过程算法主要包括:气象和土壤温度、物候、冠层辐射传输、降水径流、积雪融化、裸土蒸发、土壤水势、维持呼吸、冠层蒸散、光合作用、凋落物和土壤有机质分解、光合同化物最终分配、生长呼吸、N 淋溶和死亡等过程;年尺度的过程算法主要包括:大气 CO_2 浓度和 N 沉降过程,模拟碳、氮分配,凋落和周转及氮矿化过程。Biome-BGC 模型以日尺度为时间步长模拟上述过程,这意味着每种物质状态和通量都是以日为单位计算的,模型计算每日碳、氮和水状态变量更新,并进行每日物质质量守恒平衡的判断。通过统计计算,模型可输出日、月和年尺度的变量。另外,模型利用阴生叶和阳生叶分离方法来完成从叶片到冠层尺度转换;同时考虑气象条件的日变化规律,利用逐日积分方法将瞬时尺度扩展为每日尺度以完成模型的时间尺度转换[21,68]。

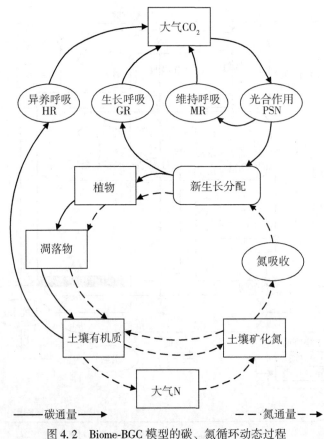

图 4.2　Biome-BGC 模型的碳、氮循环动态过程

在碳循环模拟过程中，Biome-BGC 模型结构是将碳的输入、存储和输出划分为几个碳库，碳再经过呼吸作用过程从这些库释放出去(图4.3)。该模型考虑了生态系统的自然死亡率和自然干扰因素(如火灾)的影响，但在计算方法上处理较为简化，即采用用户初始化设定的固定比例关系来计算获得。

在保证质量守恒原理的前提下，通过状态更新和死亡函数来检测每日碳平衡：Balance＝输入 C 库-输出 C 库-存储 C 库，判断条件 Balance≤$1×10^{-8}$，单位为 kgC·m^{-2}。

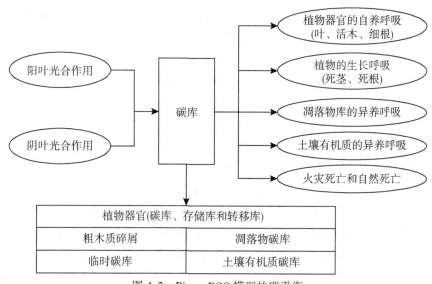

图 4.3 Biome-BGC 模型的碳平衡

这里对 Biome-BGC 模型模拟碳通量相关的主要过程进行简要的介绍，包括：冠层辐射传输、光合作用、冠层蒸散、呼吸作用、分解作用、分配作用以及碳通量计算。

4.2.1 冠层辐射传输

冠层吸收辐射取决于冠层的大小，其可以通过叶面积指数来反映。叶片形态与冠层辐射特征存在显著的典型相关关系。根据消光系数，将植物冠层叶片分为阳生叶和阴生叶。比叶面积(Specific Leaf Area，SLA)可将叶生物量换算成叶面积指数(Leaf Area Index，LAI)。在同一个体或群落内，一般受光越弱比叶面积越大，模型中阴生叶 SLA 是阳生叶 SLA 的两倍。阴生叶/阳生叶 SLA 决定整个冠层的叶面积以及阴生叶/阳生叶的比例关系。在模型中植物的所有生理过程都按照阳生叶和阴生叶分别计算。Jones[190]假设投影 LAI 计算时，叶子全是水平方向，Thornton[191]认为在每日尺度上近似积分计算，忽略叶倾角是合理的。按照比尔-朗伯特定律分别计算阳生叶和阴生叶所吸收的太阳辐射，计算公式为

$$SW_{abs} = (SRAD - Albedo_{eff}) \times (1 - e^{-k}), \tag{4-1}$$

$$SW_{trans} = (SRAD - Albedo_{eff}) - SW_{abs}, \tag{4-2}$$

$$SW_{abs\_sun} = k \times (SRAD - Albedo_{eff}) \times LAI_{proj\_sun}, \tag{4-3}$$

$$SW_{abs\_shade} = SW_{abs} - SW_{abs\_sun}, \tag{4-4}$$

式中：SW_{abs} 是冠层吸收的入射太阳短波辐射通量；SW_{trans} 是透过冠层的太阳短波辐射；SW_{abs_sun} 和 SW_{abs_shade} 分别是阳生叶、阴生叶吸收的入射太阳短波辐射；k 是冠层消光系数；LAI_{proj_sun} 是阳生叶投影 LAI；$Albedo_{eff}$ 是研究地点的地表反照率作用；SRAD 是入射太阳短波辐射，单位为 $W \cdot m^{-2}$。在模型中，将 SRAD 转换为光合有效辐射的系数为 0.45。

4.2.2　光合作用

采用光合酶促反应的机理模型[193,194]，采用 De Purry 和 Farquar 的双叶模型[192-194] 与 Woodrow 和 Berry 的酶活性效应[195] 相结合，分别计算阳生叶和阴生叶的光合速率。叶片光合速率由羧化和电子传递两个基本的过程决定，将叶片净光合速率表示为胞间 CO_2 浓度、入射光通量密度和叶温度的函数。计算公式为

$$A_{(v\,or\,j)} = G_{Tc} \times (C_a - C_i), \tag{4-5}$$

$$A_v = \frac{V_{cmax} \times (C_i - \Gamma^*)}{C_i + K_c + \left(1 + \dfrac{O_2}{K_o}\right)} - MR_{leafday}, \tag{4-6}$$

$$A_j = \frac{J \times (C_i - \Gamma^*)}{4.5 \times C_i + 10.5 \times \Gamma^*} - MR_{leafday}, \tag{4-7}$$

式中：$A_{(v\,or\,j)}$ 是实际光合作用速率为 A_v 和 A_j 中取两者中较小的值；在低 CO_2 浓度条件下，Rubisco 酶限制（RuBP 饱和）的光合作用同化效率受羧化酶活性和量的限制；A_j 是在 CO_2 浓度饱和阶段，光辐射限制的（RuBP 再生）光合作用同化速率，由于 RuBP 的再生受同化力供应的影响，所以饱和阶段的光合速率反映了光反应活性，单位为 $\mu mol \cdot m^{-2} \cdot s^{-1}$；$G_{Tc}$ 是 CO_2 传输的气孔导度，单位为 $\mu mol \cdot m^{-2} \cdot s^{-1} \cdot pa^{-1}$；$C_a$ 是大气 CO_2 浓度；C_i 是细胞间 CO_2 浓度；Γ^* 是 CO_2 补偿点，即当光合速率与呼吸速率相等时外界环境中的 CO_2 浓度；O_2 是氧气分压，单位为 Pa；V_{cmax} 是最大羧化作用速率；K_c 是羧化作用常数；K_o 是氧化作用常数；$MR_{leafday}$ 是白天的叶片维持呼吸速率；J 是羧化反应时电子传输速率，由羧化反应最大电子传输速率和光合有效辐射的经验公式计算获得，单位为 $\mu mol \cdot m^{-2} \cdot s^{-1}$。因此，提高 CO_2 浓度差和减少阻力的因素都可促进 CO_2 流通，从而提高光合速率。

4.2.3　冠层蒸散

在模型中，降雨进入生态系统后一部分被植被冠层吸收，另一部分变为土壤水或雪，也可能以径流流出。水分蒸散主要包括冠层中截留水的蒸发作用和蒸腾作用以及土壤水的蒸发作用，土壤水蒸发取决于湿润持续的天数和昼长。水分蒸散过程均采用 Penman-Monteith 方程计算蒸散，其与叶片尺度的空气动力学导度[117,118] 相关。利用边界导度、表层导度和气孔导度分别计算阳生叶和阴生叶对应的叶片对于水汽压的导度。计算公式为

$$G_{T\_WV} = \frac{g_{bl} \times (g_s + g_c)}{g_{bl} + g_s + g_c}, \tag{4-8}$$

式中：G_{T_WV} 是叶片对于水汽压的导度；g_{bl} 是边界层导度；g_s 是表层导度；g_c 是阳生叶/阴生叶的气孔导度，阴生叶的气孔导度总是小于阳生叶的气孔导度，单位为 $m \cdot s^{-1}$。边界

导度和表层导度使用初始化设置的常量，而叶片气孔导度则采用 Leuning 模型[199,200]来估算，通过最大气孔导度和一系列因子乘法算子计算而获得，主要包括光合有效辐射、饱和水汽压差、叶片水势、夜间最低温度因子以及实际气压和日均温的校正因子。

4.2.4　呼吸作用

生态系统总呼吸主要包括自养呼吸和异养呼吸。自养呼吸又分为维持呼吸和生长呼吸。生长呼吸与构建新组织所需能量及相关 CO_2 释放有关，而维持呼吸与维持植物组织正常功能所需能量有关。

（1）生长呼吸（Growth Respiration，GR）：生长呼吸通过植物生长量和组织构造消耗估算，组织构造消耗依植物组织化学组成的不同而不同。按照用于生长的总碳量比例关系计算，默认值为 0.3，即生长呼吸消耗为总光合作用固定碳的 30%。

（2）维持呼吸（Maintenance Respiration，MR）：维持呼吸对环境变化尤其是温度和组织氮浓度的变化反应强烈，维持呼吸系数通常随组织氮浓度和温度而变化。采用 Ryan[200]的研究成果，利用参考温度为 20℃时，植物器官中氮含量和呼吸速率的经验关系而计算得到。用 Q_{10} 表示温度和植物各器官的氮含量关系，默认为 2.0。计算公式为

$$MR = R_{\text{pem}} \times N_{\text{organ}} \times Q_{10}^{\left(\frac{T-20}{10}\right)} , \tag{4-9}$$

式中：MR 是维持呼吸，单位为 $kgC \cdot m^{-2} \cdot d^{-1}$；$R_{\text{pern}} \times N_{\text{organ}}$ 是温度为 20℃时的呼吸速率；R_{pern} 为植物各器官每天每千克 N 在维持呼吸中所消耗的碳，默认值为 0.218，单位为 $kgC \cdot kgN^{-1} \cdot d^{-1}$；$N_{\text{organ}}$ 为植被各器官的氮含量，单位为 $kgN \cdot m^{-2}$；T 是温度，即白天、夜间、平均气温和土壤的平均温度，单位为℃。在计算植物不同器官时，T 表示温度的含义有所不同，叶对应白天和夜间的平均温度；茎对应平均气温；根对应土壤的平均温度。由于光合作用需要白天叶维持呼吸值参与计算，因此，将叶维持呼吸分为白天和夜间分开计算。以上维持呼吸计算过程，模型将阳生叶和阴生叶分别计算。植物呼吸模拟是将植物各器官（根、茎、叶）碳库的碳含量乘以各自的呼吸速率。

（3）异养呼吸（Heterotrophic Respiration，HR）：异养呼吸主要来自凋落物分解和土壤有机质分解，其与凋落物库和土壤有机质库以及各库的分解速率相关[193]。异养呼吸作用伴随着凋落物库中凋落物的分解和土壤库中土壤有机质的分解。分解速率与所在库中碳的数量是成比例的，实际的分解速率需要考虑土壤温度和土壤湿度，通过与初始化分解速率常数的乘积来加以修正。同时，分解还受到土壤矿化 N 过程的影响。分解作用控制植物的潜在同化速率和潜在 N 固定速率。在矿化 N 充足时，实际同化作用和实际分解按潜在速率进行，满足植物生长的 N 需求；而在 N 缺乏的情况下，两者速率受到限制而减慢。

4.2.5　分解作用

土壤中的过程包括凋落物分解、微生物固氮和矿化过程等。在植物库中，无论是通过凋落物下落，细根周转或是整株植物死亡，植物各器官组分最终都是进入凋落物库或是粗木质残体（Coarse Woody Debris，CWD）库中，这个过程同时影响所有的植物碳库。所有植

物的凋落物依据木质素、纤维素加上半纤维素和凋落物剩余物质所占的重量划分为 3 个库。这些凋落物库的化学降解速率有所不同，从而产生相关的一系列的土壤有机质库。在进入活跃的凋落物库以前，木质凋落物会通过一个仅受物理降解作用影响的 CWD 库。凋落物库的 C：N 取决于植物的输入量，但是土壤有机质库的 C：N 是固定的。

　　Biome-BGC 模型中，植物、凋落物和土壤之间每日碳通量的分解速率关系（图 4.4）主要包括 4 个凋落物库和 4 个土壤有机质库，共 8 个碳库[193]。其中，4 个凋落物库分别为：凋落物库 1 是易分解的凋落物库（labile）；凋落物库 2 是纤维素凋落物库（cellulose）；凋落物库 3 是木质素凋落物库（lignin）；凋落物库 4 是屏蔽纤维素凋落物库（shielded cellulose）。4 个土壤有机质库分别为：土壤有机质库 1 是快速微生物再循环库；土壤有机质库 2 是中速微生物再循环库；土壤有机质库 3 是慢速微生物再循环库；土壤有机质库 4 是土壤腐殖质库。

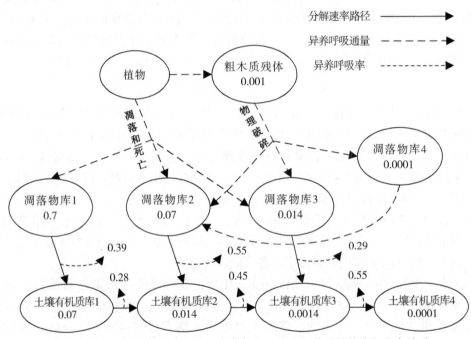

图 4.4　Biome-BGC 模型中植物、凋落物和土壤之间碳通量的分解速率关系

4.2.6　分配作用

　　模型中可分配的光合产物来自总初级生产力减去自养呼吸消耗所剩余的部分。在保证植被碳库和氮库的总量在一定比例的前提下，在动态协调过程中，将可分配光合产物按比例分配各个植物器官[193]。同化作用中，植物可利用的 C 和吸收的矿化 N 需要平衡，这样才能满足植物生长所需的 C 和 N 的比例关系。否则，在长期处于 N 缺乏的条件下，同化作用将受到限制，需要减少同化作用重新达到平衡。在动态分配过程中，若模型中碳平衡为负时则不进行分配，如落叶植被落叶后到新叶生长之间的时间内不

存在光合作用。

4.2.7 碳通量计算

模型模拟的主要碳通量变量，计算公式为

$$NEP = GPP - Re = GPP - AR - HR = NPP - HR, \tag{4-10}$$

$$Re = AR + HR = (MR + GR) + HR, \tag{4-11}$$

式中：Re 是生态系统总呼吸，为自养呼吸和异养呼吸之和；AR 是自养呼吸，为维持呼吸和生长呼吸之和；MR 是维持呼吸；GR 是生长呼吸；HR 是土壤异养呼吸；GPP 是总初级生产力；NPP 是净初级生产力；NEP 是净生态系统生产力。

在 Biome-BGC 模型的森林生态系统碳循环过程中，这些森林生态系统碳通量变量之间的逻辑关系见图 4.5。

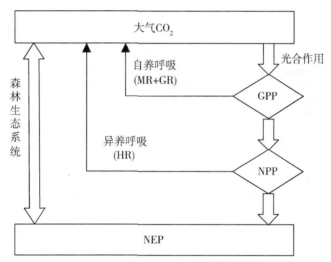

图 4.5　Biome-BGC 模型模拟的碳通量之间的关系

4.3　模型运行

Biome-BGC 模型运行所需的文件主要包括 5 类，即初始化文件(* . ini)、气象输入文件(* . mtc43)、大气 CO_2 浓度数据文件(CO_2 . txt)、植被生理生态参数文件(* . epc)以及输出文件(* . txt)等。这里以 Biome-BGC 模型 V4.2 版本为例加以说明，见图 4.6。

Biome-BGC 模型的运行模式见图 4.7，从功能、模拟年数和生态过程等方面，说明了 spin-up 模式和 normal 模式的区别和联系。

1. 初始化文件

Biome-BGC 模型的初始化文件见图 4.8，数据格式为 ASCII 文件(* . ini)，主要包括：

气象数据输入（MET_INPUT）、restart 文件（RESTART）、时间设置（TIME_DEFINE）、气候变化（CLIM_CHANGE）、大气 CO_2 浓度控制（CO2_CONTROL）、站点基本信息（SITE）、大气 N 沉降控制（RAMP_NDEP）、植被功能型文件（EPC_FILE）、水状态（W_STATE）、碳状态（C_STATE）、氮状态（N_STATE）、输出文件控制（OUTPUT_CONTROL）、日值输出（DAILY_OUTPUT）和年值输出（ANNUAL_OUTPUT）。spinup 模式和 normal 模式，两者的初始化文件模板一致，但参数设置有所不同。前者可以输出 restart 文件，后者读取 restart 文件或读取用户实测参数值。

名称	修改日期	类型	大小
co2	2022/3/1 11:36	文件夹	
epc	2022/3/1 11:36	文件夹	
ini	2022/3/1 11:36	文件夹	
metdata	2022/3/1 11:36	文件夹	
outputs	2022/3/1 11:36	文件夹	
restart	2022/3/1 11:36	文件夹	
src	2022/3/1 11:36	文件夹	
b	2006/2/22 8:52	文件	1 KB
bgc_users_guide.pdf	2006/2/22 8:52	Microsoft Edge P...	302 KB
CHANGES.TXT	2006/2/22 8:52	文本文档	4 KB
copyright.txt	2006/2/22 8:52	文本文档	1 KB
CREDITS.TXT	2006/2/22 8:52	文本文档	1 KB
example_plot.pro	2006/2/22 8:52	IDL Source file	3 KB
READ_ME_FIRST.TXT	2006/2/22 8:52	文本文档	2 KB
TOOLS.TXT	2006/2/22 8:52	文本文档	1 KB
USAGE.TXT	2006/2/22 8:52	文本文档	4 KB

图 4.6　用 Biome-BGC 模型程序文件

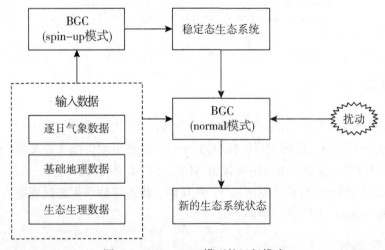

图 4.7　Biome-BGC 模型的运行模式

enf_test1_spinup.ini - 记事本

文件(F) 编辑(E) 格式(O) 查看(V) 帮助(H)

```
Biome-BGC v4.1.2 test : (spinup simulation, Missoula, evergreen needleleaf)

MET_INPUT     (keyword) start of meteorology file control block
metdata/miss5093.mtc41 meteorology input filename
4          (int)      header lines in met file

RESTART       (keyword) start of restart control block
0          (flag)    1 = read restart file    0 = don't read restart file
1          (flag)    1 = write restart file   0 = don't write restart file
1          (flag)    1 = use restart metyear  0 = reset metyear
restart/enf_test1.endpoint   input restart filename
restart/enf_test1.endpoint   output restart filename

TIME_DEFINE   (keyword - do not remove)
44         (int)      number of meteorological data years
44         (int)      number of simulation years
1950       (int)      first simulation year
1          (flag)    1 = spinup simulation   0 = normal simulation
6000       (int)      maximum number of spinup years (if spinup simulation)

CLIM_CHANGE   (keyword - do not remove)
0.0        (deg C)   offset for Tmax
0.0        (deg C)   offset for Tmin
1.0        (DIM)     multiplier for Prcp
1.0        (DIM)     multiplier for VPD
1.0        (DIM)     multiplier for shortwave radiation
CO2_CONTROL   (keyword - do not remove)
0          (flag)    0=constant 1=vary with file 2=constant, file for Ndep
294.842    (ppm)     constant atmospheric CO2 concentration
xxxxxxxxxxx (file)    annual variable CO2 filename

SITE         (keyword) start of site physical constants block
1.0        (m)       effective soil depth (corrected for rock fraction)
30.0       (%)       sand percentage by volume in rock-free soil
50.0       (%)       silt percentage by volume in rock-free soil
20.0       (%)       clay percentage by volume in rock-free soil
977.0      (m)       site elevation
46.8       (degrees) site latitude (- for S.Hem.)
0.2        (DIM)     site shortwave albedo
0.0001     (kgN/m2/yr) wet+dry atmospheric deposition of N
0.0004     (kgN/m2/yr) symbiotic+asymbiotic fixation of N

RAMP_NDEP    (keyword - do not remove)
0          (flag) do a ramped N-deposition run? 0=no, 1=yes
2099       (int)  reference year for industrial N deposition
0.0001     (kgN/m2/yr) industrial N deposition value

EPC_FILE     (keyword - do not remove)
epc/enf.epc  (file) evergreen needleleaf forest ecophysiological constants

W_STATE      (keyword) start of water state variable initialization block
0.0        (kg/m2)   water stored in snowpack
0.5        (DIM)     initial soil water as a proportion of saturation

C_STATE      (keyword) start of carbon state variable initialization block
0.001      (kgC/m2)  first-year maximum leaf carbon
0.0        (kgC/m2)  first-year maximum stem carbon
0.0        (kgC/m2)  coarse woody debris carbon
0.0        (kgC/m2)  litter carbon, labile pool
0.0        (kgC/m2)  litter carbon, unshielded cellulose pool
0.0        (kgC/m2)  litter carbon, shielded cellulose pool
0.0        (kgC/m2)  litter carbon, lignin pool
0.0        (kgC/m2)  soil carbon, fast microbial recycling pool
0.0        (kgC/m2)  soil carbon, medium microbial recycling pool
0.0        (kgC/m2)  soil carbon, slow microbial recycling pool
0.0        (kgC/m2)  soil carbon, recalcitrant SOM (slowest)

N_STATE      (keyword) start of nitrogen state variable initialization block
0.0        (kgN/m2)  litter nitrogen, labile pool
0.0        (kgN/m2)  soil nitrogen, mineral pool

OUTPUT_CONTROL   (keyword - do not remove)
outputs/enf_test1 (text) prefix for output files
0 (flag)  1 = write daily output   0 = no daily output
0 (flag)  1 = monthly avg of daily variables  0 = no monthly avg
0 (flag)  1 = annual avg of daily variables  0 = no annual avg
0 (flag)  1 = write annual output  0 = no annual output
1 (flag)  for on-screen progress indicator

DAILY_OUTPUT    (keyword)
0  (int) number of daily variables to output

ANNUAL_OUTPUT   (keyword)
0          (int)   number of annual output variables

END_INIT     (keyword) indicates the end of the initialization file
```

第 11 行，第 44 列   100%   Windows (CRLF)   UTF-8

图 4.8　模型的初始化文件（ * . ini）

2. 气象输入文件

Biome-BGC 模型估算生态系统过程的主要驱动变量是每日气象数据，其所需的气象输入文件见图 4.9，数据格式为 ASCII 文件（ * . mtc41 或 * . mtc43）。前提假设是若可以充分地描述关键过程对与日常气象相关的环境因素的依赖性，则在任何有每日气象数据的地方估计这些过程。Biome-BGC 模型所需的近地表气象参数包括：最高气温（℃）、最低气温（℃）、降水量（cm）、白天平均气温（℃）、降水量（cm）、湿度（Pa）、入射太阳短波辐射（$W \cdot m^{-2}$）和昼长（s）。在许多情况下，特定地点仅有的可用数据是每日最高气温和最低气温以及每日总降水量，采用 MT-CLIM 模型用于在辐射和湿度参数缺失时进行估算。

图 4.9　气象输入文件（ * . mtc43）

3. 大气 CO_2 浓度数据文件

Biome-BGC 模型所需的大气 CO_2 浓度数据年值采用大气 CO_2 浓度文件（图 4.10）或常量，数据格式为 ASCII 文件（ * . txt）。大气 N 沉降数据可以基于大气 CO_2 浓度数据自动计算或采用 N 沉降数据文件。

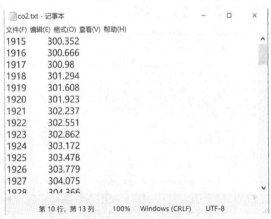

图 4.10　大气 CO_2 浓度数据文件（ * . txt）

4. 植被生理生态参数文件

Biome-BGC 模型的植被生理生态参数文件，数据格式为 ASCII 文件(＊.epc)。模型支持 7 种植被功能型，主要包括：常绿针叶林(evergreen needleleaf forest-cool climate)、常绿阔叶林(evergreen broadleaf forest-tropical)、落叶针叶林(deciduous needleleaf forest)、落叶阔叶林(deciduous broadleaf forest)、C3 草地(C3 grass)、C4 草地(C4 grass)和常绿灌丛(evergreen shrub)。植被功能型文件模板一致，但不同植被功能型的参数值有所不同，共有 43 个植被生理生态参数。这里仅以常绿针叶林为例，见图 4.11。

图 4.11　植被生理生态参数文件(＊.epc)

5. 输出文件

Biome-BGC 模型的输出文件，其格式支持二进制或 ASCII 文件。模型可以输出日值

（＊.dayout）、月值（＊.monavgout），年值（＊.annout）的模拟变量以及年值统计数据（＊_ann.txt）。注意，输出文件与模型初始化文件中输出文件设置相一致。

4.4　本章小结

　　本章介绍了 Biome-BGC 模型的基本原理，主要包括模型结构、模型假设、主要过程算法以及模型运行。其中，Biome-BGC 模型中与碳通量相关的主要过程算法有冠层辐射传输、光合作用、冠层蒸散、呼吸作用、分解作用、分配作用以及碳通量计算方法。研究模型运行需要初始化文件、气象驱动输入文件、大气 CO_2 浓度文件、大气 N 沉降文件、植被生理生态参数文件、模拟输出文件，这些有助于对模型参数优化分析以及区域尺度碳通量时空模拟，为东北森林碳通量估算的不确定性分析提供了理论参考。

第5章 MT-CLIM模型的基本原理

5.1 MT-CLIM模型结构

MT-CLIM模型(Mountain Microclimate Simulation Model,山地小气候模拟模型)是由Running等[238]研究的以地形气候学和日气候学理论为基础的气候模拟模型(图5.1),时间尺度是日步长。MT-CLIM模型可以进行气候要素在空间上的外推,其外推值可作为生态系统、生长产量、病害行为、森林更新等模型的输入值,检验各个模型在不同的环境条件下的可靠性,也可用于研究病害发生时间、发生原因,评估不同地形、立地条件的各种差异。因而,MT-CLIM模型可作为其他模型的分析管理工具,辅助建立不同气候区域内的经营管理策略,但在应用过程中MT-CLIM模型的输出精度必须与应用模型的输入精度一致。

(1)地形气候学将某地的气象状况通过空间递推应用到复杂地形,日气候学可以从输入的温度、降水量得到辐射等其他的气象信息。主要参数是基准点纬度、海拔、研究位点海拔、坡向、坡度、反射率、大气透射率,两个地点的等雨量图以及平均气温垂直递减率。由于该模型建立在针叶林的基础上,而针叶林的气流、能量交换对风速不敏感,此外也不存在山地之间风的气候递推原理,因此模型忽略风的影响。模型的输入文件需要3个变量和每日降雨量、每日最高气温和每日最低气温。输出变量有每日入射短波太阳辐射、每日平均气温、湿度、降雨量等。

(2)MT-CLIM模型区别于其他气象模型的一个重要假设是"作用环境"的概念,即关键的环境变量是在植物生理学基础上定义的,而不是在气象学上定义的。日长根据具体需要来定义,可为日出到日落间的时间段,也可为太阳光强在植物光补偿点以上的时间段。在模型中光补偿点是描述植物作用环境的一个量值,是气孔开闭、蒸腾、净光合作用为正的临界值。其大小因植被类型而变化,由它确定的日长一般为日出到日落时间段的85%。通常,湿度的表示方法有很多种,如水汽含量、相对湿度、水汽压差和露点温度等。水汽含量是指一定体积空气内的水分总量,如水汽密度就是这些量值中的一个,称为绝对湿度;相对湿度是空气样本内实际水汽含量与同温度下、同体积的饱和空气的水汽含量的百分比,是可直接观测的最普通的湿度量值;露点温度是指在没有水汽增加或排出的情况下,空气等压冷却达到饱和时的温度。而饱和水汽压差是空气中饱和水汽压与实际水汽压之差,表示空气的干燥程度,它是指示生境最有效的湿度指标,在决定植物相对蒸腾率时起着重要的作用。另外,植物在生理上对水汽压的变化比对湿度的变化更为敏感。所以,MT-CLIM模型中的湿度指标用饱和水汽差表示。该模型中的日平均气温不是指一天中最高气温和最低气温的数学平均值，而是加权平均气温。各个变量的时间尺度一般为一天。一方面是因为这种尺度的数据容易获得；另一方面是因为高分辨率的以一小时为时间步长的数据需要进行大量的观察，低分辨率的以一周、一个月、一年为步长的时间尺度计算会使气候波动相抵成一个平均值，导致生态系统水文区划错误，因而一天的时间尺度是生态模拟中高分辨率时间尺度和低分辨率时间尺度的最适合折中。该模型建立的第一步是选择合适的天气气象数据库。选择气象站的原则是尽可能保证足够大的样本容量，得到一个生长季完整的数据序列，反映出物候上的一些趋势。这种气象站一般多为国家一级气象站或专业气象站，然后各个子程序进行订正递推，模拟气象站附近各地点的气象变量值，而且用于模型参数估计的站点必须与用于模型验证的站点不同。另外，由于基准站点和研究位点两点间存在大气质量、云量、降雨量差异，递推精度随两点间的距离增加而降低。因此，MT-CLIM 模型基准气象站的选择十分重要，必须具有很大的代表性。

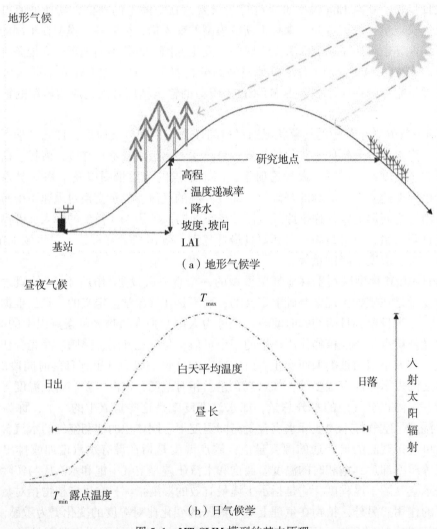

（a）地形气候学

（b）日气候学

图 5.1 MT-CLIM 模型的基本原理

（3）MT-CLIM 模型气候模拟基本思路[239]是考虑海拔、坡度和坡向，依据基站实测每日的气温和降水量等气象数据，以及温度和降水与海拔高度的关系等信息，模拟估算研究地点的每日气温、降水、辐射和湿度等气象要素日值。基站和研究地点可以是不同的海拔、不同坡度和坡向。当基站和研究地点彼此相互接近时，模拟结果则更好。因此，MT-CLIM 模型不仅适用于复杂的山区，而且也适用于平坦地区。目前，MT-CLIM 模型最新版本为 MT-CLIM4.3，其模型结构主要包括 4 个主要的子程序（图 5.2），即每日太阳辐射、气温、湿度和降水的模拟估算。

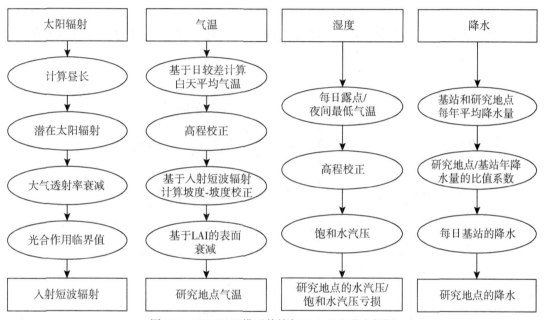

图 5.2 MT-CLIM 模型估算每日山区地形小气候

（4）MT-CLIM 模型考虑了时空变化对总透射的影响，以及研究地点的纬度、海拔、坡度和坡向等因子对太阳辐射的影响，并在模型里应用湿度-辐射循环模式进行修正[233]。之后，Thornton 等又将地平面角、积雪的影响加以参数化[191]。该模型的建立和应用主要集中在北美 30°N 以北的地区，本研究按照李海涛等的研究结果[240-244]，在对 MT-CLIM 模型进行修正后，基于研究团队前期的研究基础[246-248]，将其应用于气象格点模拟。

5.2 MT-CLIM 模型算法

5.2.1 温度

MT-CLIM 模型假设气温的日变化趋势呈近似正弦变化（图 5.3），最低气温出现在日出之前，最高气温出现在 14:00。采用温度在垂直方向上的递减率来模拟日最高气温和日最低气温。

日最高温度：

$$T_{\max} = \mathrm{TB}_a + D_z \times \mathrm{LR}_a, \tag{5-1}$$

日最低温度：

$$T_{\min} = \mathrm{TB}_b + D_z \times \mathrm{LR}_b, \tag{5-2}$$

式中：TB_a、TB_b 为基站实测最高气温和最低气温（℃）；D_z 为垂直梯度（m）；LR_a、LR_b 分别为最高气温和最低气温的垂直递减率。

日平均气温：

$$T_{\mathrm{ave}} = \mathrm{TEMCF}(T_{\max} - T_{\mathrm{mean}}) + T_{\mathrm{mean}}, \tag{5-3}$$

式中：T_{mean} 为数学平均气温，$T_{\mathrm{mean}} = 1/2(T_{\max} - T_{\min})$；TEMCF 为日平均气温的相关系数，默认为 0.45。

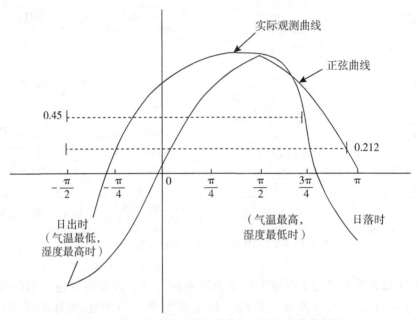

图 5.3　温度实测的日变化趋势与正弦拟合曲线变化

5.2.2　湿度

湿度的表示方法很多，常用的指标是水汽压和露点。温度和气压一定时，水汽压只随大气中水分含量的变化而变化，而露点在一天中是相对稳定的。MT-CLIM 模型将水汽压和露点作为表示湿度的指标。在实际观测中也发现，夜间最低温度常近似于露点温度，但两者的关系是不断变化的，取决于具体研究区域的气候特点。在不同气候特点下，露点温度与最低温度的关系不同。在湿度较好的情况下模拟的准确性高，但是随着干燥度的增加，准确性将会降低。MT-CLIM 模型用 Murray 公式来估计空气中的水汽压，根据日均饱和水汽压差（VPD）估计湿度，假设日最低气温（$T_{\min}$）可以真实地代表露点温度（T_{dew}）。由于早期 MT-CLIM 模型露点近似等于日最低气温的假设并非适用于所有气候条件,两者较小的差异可能引起较大的水汽压差异,这种差异随温度的升高而增大。为了更好地模拟各地露点与最低气温的关系,Kimball 等[239]建立了基于最低气温和蒸发与降水的比值(EF)的多元线性回归方程来预测露点温度,对露点温度进行了订正。

饱和水汽压差:

$$VPD = e_s(T_{ave}) - e_m, \tag{5-4}$$

饱和水汽压:

$$e_s(T_{ave}) = e_0 \exp\left[\frac{17.269T_{ave}}{237.3 + T_{ave}}\right], \tag{5-5}$$

水汽压:

$$e_m = e_0 \exp\left[\frac{17.269T_{dew}}{237.3 + T_{dew}}\right], \tag{5-6}$$

订正露点温度:

$$T_{dew} = T_{min}[-0.127 + 1.21(1.003 - 1.444EF + 12.312EF_2 - 32.766EF_3)$$
$$+ 0.0006(T_{max} - T_{min})], \tag{5-7}$$

式中:e_0 为0℃的饱和水气压(6.1078kPa);T_{ave} 为日均温度;EF、EF_2、EF_3 分别为蒸发与降水的比值、平均值、最低值;$(T_{max}-T_{min})$ 为日温较差。

5.2.3 辐射

在 MT-CLIM 模型中采用 Thornton 和 Running 的方法估算辐射,需要观测最高气温和最低气温,有时需要观测湿度。一天中总的透射率,包括到达水平面的直射辐射和漫射辐射,这里把大气的消减系数一同考虑。大气复合透射率表示为温度日较差的指数函数形式。然后调整坡度、坡向、东西地平线的遮蔽效应,计算坡面上和水平面上的天文辐射,再用漫射率、直射率与总辐射率之间的关系分别计算漫射辐射和直射辐射,以预测被大气消减后到达地面的辐射总量。

假设晴天下在海平面上、天顶角、干空气状态下的透射率(T_0)为0.87,则晴天的透射率为

$$T_t = \left[\frac{\sum_{s=sr}^{ss} R_{pots} \times T_0^{\left(\frac{P_Z}{P_0}\right) \times m}}{\sum_{s=st}^{ss} R_{pots}}\right] + ae_0, \tag{5-8}$$

式中:R_{pots} 为时角 s 时瞬间天文辐射;sr 和 st 分别为日出和日落的时间;T_0 为晴天下海平面上、天顶角、干空气状态下的透射率;P_z/P_0 为研究点与海平面标准大气压的比值,与研究点的海拔有关;m 为大气光学质量;e 为水气压;a 为水气压对透射率的影响系数。当没有逐日水汽压实测值输入时,e 用 Murray 方程计算的水汽压求出。

漫射辐射:

$$R_1 = R_{potf} \times T_t \times T_f \times T_{df}, \tag{5-9}$$

直射辐射:

$$R_2 = R_{potsl} \times T_t \times T_f \times (1 - T_{df}), \tag{5-10}$$

式中：T_f 为云量对透射的影响；R_{potf} 和 R_{pots1} 分别为水平面和斜坡上的天文辐射；T_{df} 为漫射率。

5.2.4　蒸散

蒸散既包括从地表和植物表面的水分蒸发，也包括通过植物体内的水分蒸腾。降落到地球表面的水有 70% 通过蒸发或蒸腾作用回到大气中，说明蒸散是水文循环的一个重要组成部分，同时由于水分变成气体需要吸收热量，因此蒸发和蒸散也是热量平衡的主要组成。MT-CLIM 模型中以 Priestly-Taylor 方法模拟蒸散。计算过程为

$$E_P = 1.26 \times \frac{R_{EN}}{V_H} \times \frac{S}{S + \lambda}, \tag{5-11}$$

式中：E_P 为潜在蒸散；R_{EN} 为用于蒸散的净辐射；V_H 为蒸发潜热；S 为给定温度下饱和水汽压曲线斜率；λ 是湿度常数；

$$V_H = 2.5023 \times 10^6 - 2430.54 \times T_v。 \tag{5-12}$$

5.3　MT-CLIM 模型运行

MT-CLIM 模型运行主要涉及 3 类文件：初始化文件($*.ini$)、输入文件($*.mtcin$)和输出文件($*.mtc43$)。

这里以 MT-CLIM 模型 V4.3 为例加以说明(图 5.4)。

名称	修改日期	类型	大小
ini.h	2000/1/21 11:42	C/C++ Header	4 KB
miss84.ini	2000/1/24 11:46	配置设置	2 KB
miss84.mtcin	2000/1/24 10:22	MTCIN 文件	11 KB
miss84_compare.mtc43	2000/1/24 11:46	MTC43 文件	24 KB
mtclim43	2000/1/24 11:51	文件	66 KB
mtclim43.c	2000/1/24 11:25	C Source	69 KB
mtclim43.exe	2000/1/24 11:45	应用程序	76 KB
mtclim43_constants.h	2000/1/21 11:42	C/C++ Header	2 KB
mtclim43_parameters.h	2000/1/21 11:42	C/C++ Header	2 KB
mtclim43bat.bat	2000/1/21 14:53	Windows 批处理...	1 KB
readme_examples.txt	2000/1/24 11:22	文本文档	2 KB
readme_first.txt	2000/1/24 10:13	文本文档	14 KB
readme_pc.txt	2000/1/24 10:17	文本文档	2 KB
readme_run.txt	2000/1/24 11:07	文本文档	5 KB
readme_unix.txt	2000/1/24 10:04	文本文档	1 KB

图 5.4　MT-CLIM 模型程序文件

(1)模型的初始化文件($*.ini$)主要包括输入/输出文件基本信息(IOFILES)、控制参数(CONTROL)和模型参数(PARAMETERS)，见图 5.5。

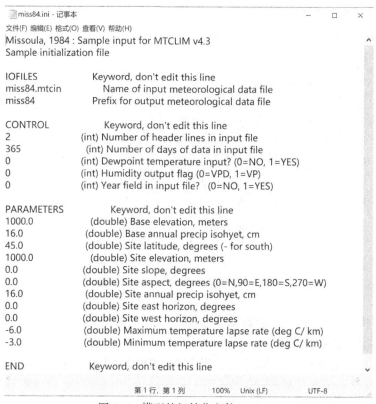

图 5.5 模型的初始化文件(* . ini)

（2）MT-CLIM 模型的输入文件(* . mtcin)即基站的实测气象数据，主要包括最高气温（℃）、最低气温(℃)和降水量(cm)，见图 5.6。

图 5.6 模型的输入文件(* . mtcin)

（3）MT-CLIM 模型的输出文件(* . mtc43)主要包括最高气温(℃)、最低气温(℃)、降水量(cm)、白天平均气温(℃)、降水量(cm)、湿度(Pa)、入射太阳短波辐射(W ·

m^{-2})和昼长(s)，见图 5.7。

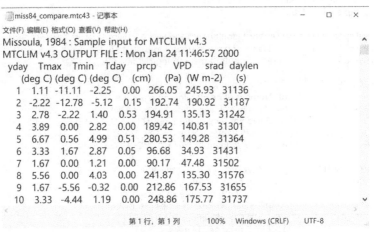

图 5.7　模型的输出文件(∗. mtc43)

MT-CLIM 模型 V4. 3 运行，DOS 命令示例：

　　mtclim43 miss84. ini

MT-CLIM 模型是单点运行模式，采用 ENVI/IDL 编写 MT-CLIM 模型批量处理程序(∗. pro)，实现自动生成批量处理运行程序(∗. bat)，将 DEM、坡度和坡向作为地形因子的数据源，实现较大区域的气象空间格局模拟。

5. 4　MT-CLIM 模型模拟

5. 4. 1　模型结果评价

　　使用改进 MT-CLIM 模型对小兴安岭地区的地面气象台站进行太阳辐射模拟，并将模拟结果分别与地面辐射台站实测数据和二次趋势面统计模型进行验证。研究结果表明：从整年上，其与辐射台站的拟合精度 R^2 为 0. 8133，其中，夏季模拟太阳辐射日值拟合精度偏低，而其与二次趋势面统计模型拟合精度 R^2 值范围为 0. 5713~0. 793；采用改进的 MT-CLIM 模型模拟较大区域的太阳辐射，比统计模型具有更好的普适性和高效性，能获得较好的中高纬低山丘陵区模拟效果，且为森林生态过程模型的输入参数研究提供依据。在太阳辐射台站个数有限的条件下，改进 MT-CLIM 模型比二次趋势面模型具有更好的适用性。由此可见，在站点尺度上，通过帽儿山森林生态台站的通量观测数据验证，说明采用 MT-CLIM 模型模拟获取 Biome-BGC 模型所需的其他气象数据是切实可行和可靠的。

5. 4. 2　模型结果分析

　　本研究所用 2000—2015 年多时间序列逐日气象格点数据量超大，共 16 年×365 天×6个气象变量。因此，这里不采用区域气象栅格直接进入 MT-CLIM 模型模拟的方案，而是先基于气象格点的 MT-CLIM 模型模拟，再将气候模拟结果进行空间插值，以此作为 Biome-BGC 模型所需的逐日气象数据。在气象栅格数据处理过程中，采用 ArcGIS 批处理模式，结合 Excel 生成批处理命令表，并通过 ENVI/IDL 编程实现自动批处理操作，提高气象数据处理效率。

基于模型模拟结果分析，以 2011 年月均值来说明通过 MT-CLIM 模型模拟获取区域尺度逐日气象栅格数据的最高气温(℃)、最低气温(℃)、白天平均气温(℃)、降水量(cm)、湿度(Pa)、入射太阳短波辐射(W·m^{-2})和昼长(s)的时空分布。其中，湿度采用饱和水汽压差(VPD)。选取 1 月(冬季，1~31 天)、4 月(春季，91~120 天)、7 月(夏季，182~212 天)和 10 月(秋季，274~304 天)作为典型季节代表月。

(1)月均值最高气温变化范围：-18.97~29.25℃、最低气温变化范围：-35.14~21.50℃、白天平均气温变化范围：-23.34~27.02℃、降水量变化范围：0~0.77cm，说明东北地区温带大陆性季风气候显著，雨热同季，夏季高温多雨，冬季寒冷干燥。

(2)月均值 VPD 变化范围：53.66~1400.65Pa，夏季比其他季节高，春秋两季差别不大，冬季最低，其会影响植物气孔的闭合，从而控制着植物蒸腾、光合作用等生理生态过程，对森林生态系统蒸散过程以及水分利用效率有着重要影响。

(3)月均值入射太阳短波辐射变化范围：53.66~397.65W·m^{-2}，春夏高，秋冬低且相差不大，其中夏季降水集中，阴雨的天气，由于云层厚且多，大气对太阳辐射的削弱作用强，到达地面的太阳辐射就弱，这样造成春季稍高于夏季。

(4)月均值昼长变化范围：28449~58167s，夏季最长，冬季最短，春秋两季相差不大，昼长的季节变化与太阳直射点的赤道和北回归线之间移动相关。另外，春秋季昼长空间分布有明显的分级变化，春季表现较为突出。在区域尺度上地形对昼长与日出时间有影响。本研究区地势西北部、北部和东南部高，同一地区，海拔高的山顶比海拔低的山谷日出时间早，而日落时间晚，所以山顶比山谷昼长要长。

5.5 本章小结

本章对 MT-CLIM 模型的模型结果、模型运行所需驱动数据以及模型模拟方法进行了说明。选取 1 月、4 月、7 月和 10 月作为四季代表月份，分析了 MT-CLIM 模型模拟结果的气象特征。以此为基础，将其作为 Biome-BGC 模型的输入气象数据。

第 6 章 Biome-BGC 模型参数优化

6.1 Biome-BGC 模型参数优化方案

应用 Biome-BGC 模型，首先要确定模型的驱动数据和模型参数，前者由研究区域本身的自然特征确定，而后者是描述不同植被类型生态系统过程特点的指标。根据植被物候、叶片形态(阔叶和针叶)、气候带(热带、温带及寒带)，以及光合作用途径(C3 和 C4)的不同，Biome-BGC 模型划分 7 种植被功能型，植被功能类型 PFT 表征不同植被的结构和功能，每一种 PFT 通过一组参数控制其动态发展过程。关于 Biome-BGC 模型输入参数和植被生理生态参数的敏感性分析，国外学者已进行了相关研究。Tatarinov 等[141] 和 Ichii 等[201] 分别研究了模型输入站点数据和输入气象数据对 Biome-BGC 模型对陆地生态系统碳源/汇的估算影响。White 等[129] 对 Biome-BGC 模型的植被生理生态参数进行了敏感性分析，研究发现叶中碳氮比参数是对于所有植被功能型 NPP 都有显著影响的因子，但其对木本植物和草本植物的作用有所不同。目前，国内关于这些生理学参数的研究很少[202]，因此很难确定这些参数值。大部分研究应用采用文献检索计算了均值和标准差，用每个群落的均值或者将各个群落值进行多重比较，进而聚类确定[129]。若参数设置不当，会导致模型模拟值与实测值相差较大。传统的采用迭代"调参"的方法，取决于专业经验或专家知识，通过反复调试使模拟结果接近期望水平[203]。将 Biome-BGC 模型应用于我国东北森林，关键参数的合理确定仍然存在很大困难，如何利用观测数据优化这些参数以提高模型结果的可靠性，是本研究需要解决的关键问题。

近年来，模型与数据融合已成为国际上陆地生态系统碳循环研究的前沿之一[204]，它包括观测数据与模型模拟的状态变量同化和模型参数的优化等主要方面[219-230]。本研究从目前主流的模型参数优化方法入手，选取模型无关参数估计方法(Model-independent Parameter Estimation，PEST)和集合卡尔曼滤波方法(Ensemble Kalman Filter，EnKF)。从模型参数优化方法的适用性角度分析，PEST 优化方法具有与模型相互独立的特点，该方法更适用于模型初始化/状态参数(常量)的优化；在整个模拟时间段内，仅生成优化模型参数对应的一个最佳参数估计值，因此在不改动模型的情况下，很难优化模型结构中随生态过程而动态变化的状态变量参数。而 EnKF 优化方法则需要将算法与模型耦合，必须编程改进模型才能实现，该优化方法适用于模拟状态变量的修正，还可进行模型参数的优化；在整个模拟时间段内，每个时间步长都对应一个最佳参数估计值，即生成一组参数最优估计。例如，Biome-BGC 模型为日步长运行，则每日都会生成一个最优估计值。此外，为了避免两类不同参数同时优化时状态扰动影响所造成的状态参数(常量)出现无效值，通常采用双模式 EnKF 方法来解决，即一次更新过程中利用两次 EnKF 方法，但这样计算量较大，尤其对于区域空间尺度。

综合考虑了两种优化方法的适用性、模型改进和运行计算时间成本等因素，本研究采用的模型参数优化方案是利用不同的优化方法来优化不同类别的模型参数，即模型初始化/状态参数是采用 PEST 方法进行优化，而模型状态变量参数则是采用 EnKF 方法进行优化，将两种优化方法的优势互补，从而获得更好的模型优化效果。在站点尺度上，以 2011 年帽儿山生态台站通量观测数据作为 Biome-BGC 模型的气象输入数据和模拟碳通量验证数据。通量观测的气象数据(最高气温、最低气温和降水量)作为气象输入，采用 MT-CLIM 模型进行气候模拟，获取 Biome-BGC 模型所需的其他逐日气象数据为通量观测数据经过数据预处理所获得的逐日碳通量数据为总初级生产力(Gross Primary Productivity, GPP)和生态系统总呼吸(Ecosystem Respiration, Re)。通过数据同化技术，利用涡动相关通量观测数据，优化模型参数，调整模型状态变量，从而提高模拟精度。基于通量观测数据的模型参数优化能将观测数据包含的信息融合到模型，优化模型参数，减少模型结果的不确定性。

6.2 基于 PEST 的模型参数优化

6.2.1 PEST 参数优化方法

PEST 是与模型相互独立的参数估计和不确定性分析的方法[217]，其通过多次迭代不断调整模型参数，使模型输出与相应实测值差异达到最小。PEST 采用梯度下降法与高斯牛顿法结合的非线性 Gauss-Marquardt-Levenberg 算法，其同时具备高斯牛顿法的快速收敛性和梯度下降法的全局搜索性的优势，能够朝着目标函数有效而更快地收敛[217,218]。PEST 最初用于水文模型参数优化，经不断发展可广泛应用于各种模型，且不受模型结构的限制，同时可优化多个参数[219-221]。

PEST 算法核心[220-223]是对目标函数求解最小值，目标方程为基于模型参数某一输出变量的计算值与实际观测值的带权重最小二乘差异函数 $\psi(F)$。本研究基于通量观测数据 GPP 和 Re，采用 PEST 算法求解目标函数。计算公式为

$$\psi(F) = \psi_{\text{GPP}} + \psi_{\text{Re}} = \sum_{i=1}^{n_1} w_{\text{GPP},\,i}^2 \left(\text{obs}_{\text{GPP},\,i} - \text{sim}_{\text{GPP},\,i} \right)^2 - \sum_{i=1}^{n_2} w_{\text{Re},\,i}^2 \left(\text{obs}_{\text{Re},\,i} - \text{sim}_{\text{Re},\,i} \right)^2,$$

$$(6\text{-}1)$$

式中：$\psi(F)$ 是基于参数组 F 的目标函数；obs 是观测值；sim 是模拟值；w 是观测值的权重系数；i 是时刻，Biome-BGC 模型是日步长，这里为 1~365 天；n_1、n_2 是观测个数，这里是 365 天的通量观测数据。下标 GPP 表示总初级生产力，下标 Re 是生态系统总呼吸。

6.2.2　参数敏感性分析

本研究采用参数相对综合敏感度[231-238]来分析参数敏感性及优化难易程度，计算公式为

$$I_j = |s_j p_j|,\tag{6-2}$$

$$s_j = \frac{(J^{\mathrm{T}} Q J)_{jj}^{\frac{1}{2}}}{m},\tag{6-3}$$

式中：s_j 是第 j 个参数的综合敏感度；p_j 是第 j 个参数值；J 是 m 行 n 列的雅可比矩阵；m 是权重值非零的观测值个数；n 是待估计参数的个数；Q 是基于观测值权重的协因子对角矩阵。

在 PEST 参数估计过程中，综合敏感度是由所有通量观测数据 GPP 和 Re 得到的。若某一参数的综合敏感度较大，则说明此参数在整个优化过程中比较容易被优化，且对输出结果有较大影响；若综合敏感度较小，则相反。若某一参数小于 1 且参数估计时经过对数变换，综合敏感度按照参数的对数值进行相关计算，则综合敏感度可能为负值，参数相对综合敏感度始终为正值，且与该参数变化幅度正相关。因此，参数相对综合敏感性更有利于不同类型、不同数量级参数间的敏感性对比，可用于表征基于某一参数值变化时引起的模型预测结果的综合变化[217]。

6.2.3　模型参数优化方案

本研究通过 PEST 参数综合敏感度分析，经过多次反复实验测试，对 Biome-BGC 模型的初始化参数和植被生理生态参数的综合敏感度进行比较，逐步剔除综合敏感度较小的值，同时考虑模拟结果精度质量，力求两者都能达到最佳的模拟效果，最终筛选了 Biome-BGC 模型的初始化参数 N 固定和植被生理生态参数最大气孔导度作为模型参数优化目标。

应用 PEST 对 Biome-BGC 模型的参数优化(图 6.1)，主要步骤为：

(1)确定 Biome-BGC 模型要估计的输入参数、参数的取值范围和初始值以及与实际观测值对应的模型输出响应变量。模型参数敏感性分析，将 Biome-BGC 模型的初始化文件(* . ini)和植被生理生态参数文件(* . epc)的参数加以考虑，本研究采用中国科学院胡中民处理方法，即将两个文件先合并，在模型运行调用和优化时，再进行动态文件拆分，有效地解决了跨文件的模型参数优化问题。

(2)选取待优化模型参数，即 Biome-BGC 模型初始化文件中 N 固定参数($\mathrm{kgN \cdot m^{-2} \cdot yr^{-1}}$)和植被生理生态文件中最大气孔导度参数($\mathrm{m \cdot s^{-1}}$)，参考相关文献研究结果设置参数的初始值及其取值范围。

(3)建立 PEST 运行所需的标识模型输入参数文件(* . tpl)、标识观测数据的指令文件(* . ins)和控制文件(* . pst)，通过 tempchek 和 inschek 命令来检验文件的有效性。

(4)将通量观测数据与标识观测数据的指令文件建立联系，生成观测文件(* . obf)，

待用于 Biome-BGC 模型输出日值模拟结果(*. dayout. ascii)的验证，以及模型参数优化。

(5)通过控制文件(*. pst)调用标识模型输入参数文件和标识观测数据的指令文件，分别建立 PEST 与 Biome-BGC 模型联系，以实现两者之间的数据交换。

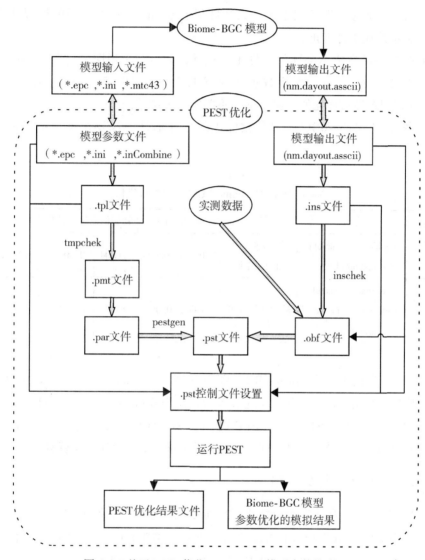

图 6.1 基于 PEST 优化 Biome-BGC 模型参数的流程

(6)在 PEST 优化模型参数时，不同变量模拟差异比例失衡可能引起部分参数的过度优化，造成某一观测组模拟误差增加，模型整体模拟效果变低[217,224]。因此，本研究根据不同类型观测变量的 ψ 值大小，通过调整权重系数 w，使通量观测 GPP 和 Re 变量模拟差异函数值最接近，目标函数求解最小值，获得较好的模拟结果。

(7)在 DOS 环境下运行 PEST 执行控制文件，计算机根据控制文件中使用者给定的路径地址自动调用 Biome-BGC 模型程序。

（8）在运行过程中，PEST 将动态读取模型模拟 GPP 和 Re，并与通量观测数据进行验证比较，判断是否达到迭代终止条件。主要依据有是否达到最大迭代次数、目标函数误差有无明显下降以及校准参数变化是否显著；若不满足迭代终止条件，则通过 GML 寻优得到新的参数值，并通过标识模型输入参数文件写入 Biome-BGC 产生新的模拟结果。如此反复，直至满足迭代条件为止。

（9）PEST 运行的生成结果评价文件主要包括：运行结果说明文件（＊.rec）、参数的敏感性分析文件（＊.sen）、观测数据的敏感性分析文件（＊.seo）和残差分析文件（＊.res），分别记录参数优化值、灵敏度和不确定性范围等。

（10）最终获取 Biome-BGC 模型参数优化的最佳估计值以及模型模拟日值结果（表6.1）。

表 6.1　　　　　　　　基于 PEST 的 Biome-BGC 模型参数优化

输入参数类型	参数	定义	取值范围	初始值	优化结果	单位
模型初始化参数	symbiotic+asymbiotic fixation of N	共生+非共生的 N 固定	0.00001~0.005	0.0004	0.00072	$kgN \cdot m^{-2} \cdot yr^{-1}$
植被生理生态参数	maximum stomatal conductance (projected area basis)	最大气孔导度	0.002~0.05	0.005	0.00349	$m \cdot s^{-1}$

在 PEST 模型参数优化时，Biome-BGC 模型运行采用 spinup 和 normal 一体化模式。优化过程中最大优化次数由设定模拟年数决定，模型默认为 6000 年，直到符合年平均每日土壤碳储量之间的差异小于指定的容差值：SPINUP_TOLERANCE=0.0005kg·m⁻²·yr⁻¹，且同时满足模型与观测数据拟合效果最佳，即目标函数求解最小值，得到最终模型参数估计值。

6.2.4　模型参数优化结果评价

采用 2011 年帽儿山森林生态台站的逐日通量观测数据，利用模拟值与实测值之间的决定系数（R^2）和均方根误差（Root Mean Square Error，RMSE）对模型模拟与同化结果进行精度评价。一般来说，若 R^2 较高，且 RMSE 较低，则说明模型同化效果较好。

通过 PEST 方法对 Biome-BGC 模型参数优化测试，实验结果（表6.2和表6.3、图6.2和图6.3）表明：模型优化前 GPP 和 Re 的 R^2 分别为 0.75 和 0.85，RMSE 分别为 3.28、1.28，生长季的 GPP 和 Re 日值总量分别为 872.30gC·m⁻²和 763.08gC·m⁻²；模型参数优化后 GPP 和 Re 的 R^2 分别为 0.78 和 0.88，RMSE 分别为 2.03 和 1.18。生长季（115~278 天）的 GPP 和 Re 日值总量分别为 1231.23gC·m⁻²和 1029.84gC·m⁻²。由此可见，模型参数优化后比默认模拟的 R^2 值和 RMSE 值虽然变化不大，但线性拟合曲线的斜率有所提高，尤其生长季 GPP 和 Re 日值总量精度有了明显提高，更接近通量观测值。另外，参数优化后对 GPP 的模拟影响比对 Re 的模拟影响更大，Re 的 R^2 和 RMSE 精度稍有降低，但综合指标考虑模型参数优化整体效果较好。在站点尺度上，通过基于 PEST 的 Biome-BGC 模型参数优化，提高模型模拟 GPP 和 Re 是切实可行的且效果较好。

表 6.2　　　　基于 PEST 的 Biome-BGC 模型参数优化方法对 GPP 的影响

类型	线性拟合曲线	R^2	RMSE	生长季 GPP($gC \cdot m^{-2}$)			
				最大值	最小值	平均值	总量($gC \cdot m^{-2}$)
模型默认	$y=0.50x+1.56$	0.75	3.28	8.97	0.24	5.32	872.30
PEST 优化	$y=0.71x+2.17$	0.78	2.03	12.18	0	7.51	1231.32
通量观测	—	—	—	17.11	0.58	7.49	1228.94

表 6.3　　　　基于 PEST 的 Biome-BGC 模型参数优化方法对 Re 的影响

类型	线性拟合曲线	R^2	RMSE	生长季 R_e($gC \cdot m^{-2}$)			
				最大值	最小值	平均值	总量($gC \cdot m^{-2}$)
模型默认	$y=0.79x+0.25$	0.85	1.28	8.08	1.49	4.65	763.08
PEST 优化	$y=1.12x$	0.88	1.18	10.72	1.66	6.28	1029.84
通量观测	—	—	—	9.53	1.48	5.59	916.11

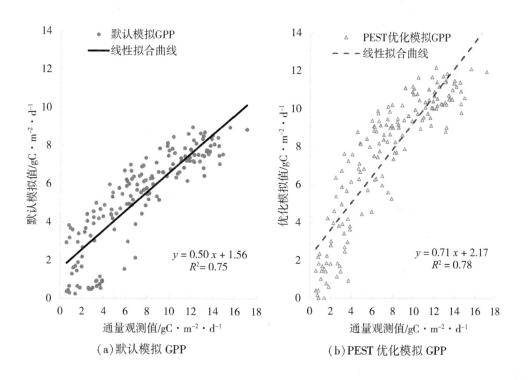

(a)默认模拟 GPP　　　　　　　(b)PEST 优化模拟 GPP

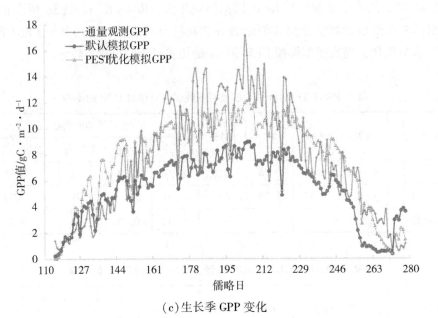

（c）生长季 GPP 变化

图 6.2　帽儿山站模型参数优化的 GPP 模拟值与实测值

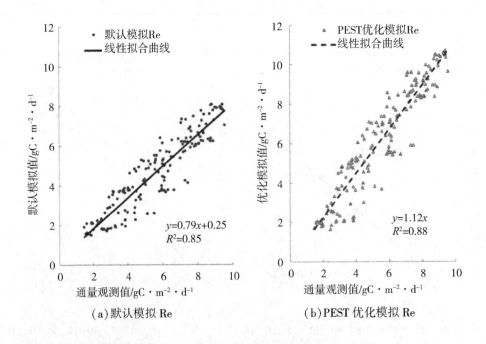

（a）默认模拟 Re

（b）PEST 优化模拟 Re

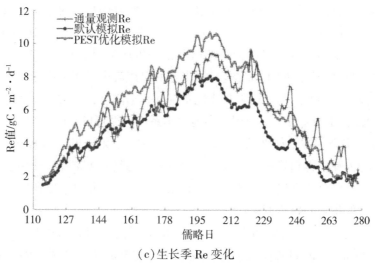

（c）生长季 Re 变化

图 6.3　帽儿山站模型参数优化的 Re 模拟值与实测值

6.2.5　结果与分析

通过同化帽儿山森林生态台站通量观测数据，采用 PEST 方法对 Biome-BGC 模型初始化和状态参数优化，提高了模型模拟精度。

（1）对 Biome-BGC 模型参数进行综合敏感性分析，选取最为敏感的 2 个模型参数：N 固定参数和气孔导度参数。前者是模型初始化参数，而后者是模型的植被生理生态参数。通过文件动态拆分方法，利用 PEST 方法优化跨文件的模型参数。

（2）PEST 模型参数优化方法和 Biome-BGC 模型两者结构相互独立。通过标识模型输入参数文件（∗.tpl）、标识观测数据的指令文件（∗.ins）和控制文件（∗.pst），建立 PEST 与 Biome-BGC 模型以及通量观测数据的联系，以实现彼此之间的数据交换。

（3）在 PEST 优化模型参数中，为了避免各目标函数数量级的不同导致某些子目标的作用被忽视，各目标函数对总偏差贡献应大致相等或在同一个数量级内。

（4）Biome-BGC 模型运行采用 spinup 和 normal 一体化模式，能较快地实现模型参数优化，极大地节约时间成本，并获得较好的模拟精度。

综上所述，在站点尺度上，通过数据同化技术，基于 PEST 的 Biome-BGC 模型参数优化，不仅获得了整个生长季初始化/状态参数对应的最优估计值，同时提高了模型模拟 GPP 和 Re 精度。因此，采用 PEST 方法优化模型参数是切实可行且有效的，可以此作为区域尺度 Biome-BGC 模拟的参考依据。

6.3　基于集合卡尔曼滤波的模型参数优化

6.3.1　集合卡尔曼滤波方法

集合卡尔曼滤波方法（Ensemble Kalman Filter，EnKF）将模式状态预报看成近似随机动态预报，用状态总体去代表随机动态预报中的概率密度函数，通过向前积分，状态总体很容易计算不同时间的概率密度函数所对应的统计特性。EnKF 是由 Evensen[227] 研发的顺序数据同化方法，采用蒙特卡洛(Monte-Carlo)方法生成集合，并根据集合预报的结果来估计状态变量和观测变量之间的协方差，用集合的思想解决了实际应用中背景误差协方差矩阵的估计和预报困难的问题，用于非线性系统的数据同化，同时有效降低了数据同化计算量[227,228]。因此，EnKF 被广泛应用于陆地生态系统碳循环模型中[182,227,229-233]。

假设有 N 个集合，在 $k=0$ 时刻对每个集合进行初始化，集合初始化的方法有很多，采用对状态量加入噪声得到状态量，也可以通过对状态量有关键影响作用的因素加入扰动量而得到集合，再将该集合代入模型，可得到相应的状态量集合。本研究采用状态量加入噪声得到状态量的集合初始化方法。

EnKF 算法包括预测和更新两个步骤[226]：每个同化周期分为预测和更新两个阶段，预测阶段通过 Biome-BGC 过程模型进行对变量下一时刻的状态变量预测计算，更新阶段主要利用通量观测数据进行预报误差、计算增益矩阵、分析同化参量和误差计算等操作，最终得到当前时刻的状态估计值。

1. 预测

将 t 时刻所有的集合代入模型，通过模型向前积分，得到所有状态量 $t+1$ 时刻的预测值。计算公式为

$$X_{i,\,k+1}^{f} = M_{k,\,k+1}(X_{i,\,k}^{a}) + w_{i,\,k},\ w_{i,\,k} \sim N(0,\,Q_k), \tag{6-4}$$

式中：$X_{i,k}^{a}$ 是 k 时刻第 i 个集合的状态分析值；$X_{i,k+1}^{f}$ 是 $k+1$ 时刻状态预测值；$M_{k,k+1}$ 是 k 时刻到 $k+1$ 时刻状态变化关系，一般为非线性的模型算子；$w_{i,k}$ 是模型误差，服从均值为 0、协方差矩阵为 Q_k 的正态分布。

2. 更新

$$X_{i,\,k+1}^{a} = X_{i,\,k+1}^{f} + K_{k+1}\left[Y_{k+1}^{o} - H_{k+1}(X_{i,\,k+1}^{f}) + v_{i,\,k} \right],\ v_{i,\,k} \sim N(0,\,Q_K), \tag{6-5}$$

$$\overline{X}_{k+1}^{a} = \frac{1}{N}\sum_{i=1}^{N} X_{i,\,k+1}^{a}, \tag{6-6}$$

$$K_{k+1} = P_{k+1}^{f} H^{T} (HP_{k+1}^{f} H^{T} + R_k)^{-1}, \tag{6-7}$$

$$P_{k+1}^{f} = \frac{1}{N-1}\sum_{i=1}^{N} (X_{i,\,k+1}^{f} - \overline{X}_{k+1}^{f})(X_{i,\,k+1}^{f} - \overline{X}_{k+1}^{f})^{T}, \tag{6-8}$$

$$P_{k+1}^{f} H^{T} = \frac{1}{N-1}\sum_{i=1}^{N} (X_{i,\,k+1}^{f} - \overline{X}_{k+1}^{f})\left[H(X_{i,\,k+1}^{f}) - H(\overline{X}_{k+1}^{f}) \right]^{T}, \tag{6-9}$$

$$HP_{k+1}^{f} H^{T} = \frac{1}{N-1}\sum_{i=1}^{N} \left[H(X_{i,\,k+1}^{f}) - H(\overline{X}_{k+1}^{f}) \right]\left[H(X_{i,\,k+1}^{f}) - H(\overline{X}_{k+1}^{f}) \right]^{T}, \tag{6-10}$$

$$P_{k+1}^{a} = \frac{1}{N-1}\sum_{i=1}^{N} (X_{i,\,k+1}^{a} - \overline{X}_{k+1}^{a})(X_{i,\,k+1}^{a} - \overline{X}_{k+1}^{a})^{T}, \tag{6-11}$$

式中：$X^a_{i,k+1}$是第i个集合在$k+1$时刻的状态分析值；K_{k+1}是增益矩阵；Y^o_{k+1}是$k+1$时刻的观测数据；上标 o 表示观测数据；H_{k+1}是$k+1$时刻的观测算子；$v_{i,k}$是观测误差，服从均值为 0、协方差矩阵为Q_k的高斯分布；$\overline{X}^a_{k+1}$是所有集合的分析值，即状态的最优估计值；P^f_{k+1}是状态预测值的误差方差矩阵；P^a_{k+1}是最优估计值的误差方差矩阵。

EnKF 算法的基本流程见图 6.4。对状态量假设一个集合，每个集合表示状态量的可能取值，集合的均值即为状态的最优估计。每个集合通过模型向前积分，预测下一个时刻每个集合的状态量，对于每个有观测数据的时刻，利用观测数据对每个集合分别进行更新，此时所有集合均值即为状态量的最优估计值，估计值的方差也可以通过集合的方法进行计算。集合卡尔曼滤波数据同化过程中有两组动态集合，分别是参数集合和通量预测集合，它们分别是通过对初始值添加服从高斯概率分布的扰动噪声得到一组集合。

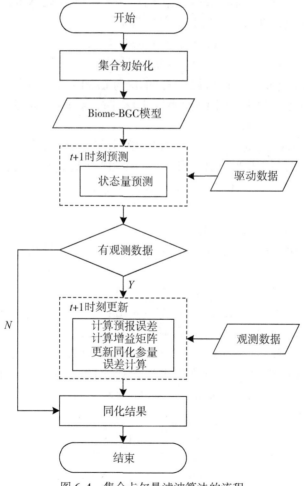

图 6.4 集合卡尔曼滤波算法的流程

6.3.2　参数敏感性分析

通过模型参数敏感性分析，GPP 和 Re 的模拟结果对 4 个状态变量参数最为敏感：阳生叶 V_{max}、阴生叶 V_{max}、总投影 LAI 和分解速率综合标量 rate_scalar。这些参数与光合作用、能量平衡和土壤呼吸直接相关。其中，V_{max} 对森林生态系统碳通量年际变化最为敏感。

在 Biome-BGC 模型中，4 个状态变量与模型的生态过程之间的关系如下。

(1)阳生叶 V_{max}(sun_V_{max})和阴生叶 V_{max}(shade_V_{max})是在 Biome-BGC 模型计算光合作用过程中用到的。计算公式为

$$V_{max} = lnc \times ACT \times flnr \times fnr, \tag{6-12}$$

式中：V_{max} 是最大羧化作用速率，单位为 $\mu mol \cdot m^{-2} \cdot s^{-1}$；lnc 是单位阳生叶/阴生叶的叶面积中叶 N 含量，由植被生理生态参数中设定叶碳氮比计算而得到，单位为 kgNleaf·m^{-2}；ACT 是 Rubisco 酶活性，其由温度、O_2 和 CO_2 浓度决定，单位为 $\mu molCO_2 \cdot kg^{-1}$ Rub·s^{-1}；flnr 是氮元素在 Rubisco 酶中所占的比例，单位为 kg NRub·kg^{-1} Nleaf；fnr 是酶对氮含量的权重比例，默认值为 7.16，单位为%。

$$sun\_V_{max} = 2 \times shade\_V_{max}, \tag{6-13}$$

$$J_{max} = 2.1 \times V_{max}, \tag{6-14}$$

式中：J_{max} 是有羧化反应最大电子传输速率，单位为 $\mu mol \cdot m^{-2} \cdot s^{-1}$。

由此可见，在模型参数优化阳生叶/阴生叶 V_{max} 时，会间接影响到 J_{max} 的取值。参数优化中，J_{max} 可根据 V_{max} 进行估算。

(2)总投影 LAI(LAI_{proj})是指在 Biome-BGC 模型的冠层辐射传输过程计算中，整个冠层投影叶面积指数。其与阳生叶 LAI、阴生叶 LAI 和总 LAI 密切相关，计算公式为

$$LAI_{proj} = leaf_c \times SLA_{proj\_avg}, \tag{6-15}$$

$$LAI_{all} = LAI_{proj} \times SLA_{proj\_ratio}, \tag{6-16}$$

式中：LAI_{proj} 是冠层总投影 LAI；LAI_{all} 是冠层总 LAI；$leaf_c$ 是叶碳含量，单位为 kgC·m^{-2}；SLA_{proj_avg} 是冠层平均比叶面积，单位为 $m^2 \cdot kgC^{-1}$；SLA_{proj_ratio} 是全叶面积与投影叶面积的比率。计算公式为

$$LAI_{sun} = 1 - e^{-LAI_{proj}}, \tag{6-17}$$

$$LAI_{shade} = LAI_{proj} - LAI_{sun}, \tag{6-18}$$

式中：LAI_{sun} 是冠层阳生叶 LAI；LAI_{shade} 是冠层阴生叶 LAI。

(3)分解速率的综合标量(rate_scalar)是在 Biome-BGC 模型的分解作用过程计算中，由分解速率的温度标量和水分标量的乘积所获得最终分解速率的综合标量。计算公式为

$$rate\_scalar = w\_scalar \times t\_scalar, \tag{6-19}$$

$$t\_scalar = \exp\left[4.344692 \times \frac{1}{soil_{TK} - 227.13}\right], \tag{6-20}$$

$$w\_scalar = \frac{\ln\left(\dfrac{soil_{min\_psi}}{soil_{current\_psi}}\right)}{\ln\left(\dfrac{soil_{min\_psi}}{soil_{max\_psi}}\right)}, \tag{6-21}$$

式中：rate_scalar 是分解速率的综合标量；t_scalar 是分解速率的土壤温度标量；w_scalar 是分解速率的土壤水分标量；$soil_{min\_psi}$ 是最小土壤水势，$soil_{max\_psi}$ 是最大土壤水势，$soil_{current\_psi}$ 是当前土壤水势，单位为 MPa；$soil_{TK}$ 是土壤温度，单位为 K(开氏温度)。

在确定 rate_scalar 后，依据已知每个凋落物库中 C 和 N 含量，可以计算凋落物各部分 C 与 N 的比例。在土壤 25℃ 时，水分条件适宜的情况下，常量分解速率作为初始速率，将它们分别乘以 rate_scalar 来进行分解速率的实际情况修正。计算公式为

$$k\_correct = k\_base * rate\_scalar, \qquad (6-22)$$

式中：k_correct 是每个分解速率的修正因子，k_base 是初始常量分解速率。

通过对状态变量的敏感性测试，实验结果表明：阳生叶/阴生叶 V_{max} 标准差变化对 GPP 和 Re 影响正相关，但当达到一定程度时，则 GPP 和 Re 两者 RMSE 和 R^2 均呈现稳定。随着总投影 LAI 标准差的增加，GPP 呈现稳定后缓慢递减趋势。Re 均呈现逐渐减少又缓慢增加趋势。随着分解速率综合标量 rate_scalar 标准差的增加，GPP 呈现先增加后减少再增加后减少的波动式变化；Re 的 RMSE 呈现先稳定后增加或减少趋势。

6.3.3 模型参数优化方案

本研究采用 EnKF 方法对整个生长季 Biome-BGC 模型参数优化，以 2011 年帽儿山森林生态站点通量观测逐日 GPP 和 Re 数据作为同化数据，同时研究状态变量扰动对模拟结果的影响，为开展基于数据同化的区域模拟奠定基础。

应用 EnKF 对 Biome-BGC 模型的参数优化(图 6.5)，主要步骤如下：

(1)Biome-BGC 模型运行采用 spinup 模式，生成生态系统达到平衡态的初始化文件 restart(*.endpoint)，然后在 normal 模式下基于 EnKF 对 Biome-BGC 模型的参数优化。

(2)扰动模型参数生成状态变量初始化集合，设置状态变量集合大小。集合的大小应足够大以确保误差协方差的正确估计，而太大的集合会带来较大计算负担。当集合大小超过 100 时，模拟的通量数据和更新的参数可达到比较稳定的状态，经过反复实验测试将集合变量大小设置为 200。

(3)通过实验测试单个状态变量和组合状态变量的标准差扰动对 GPP 和 Re 模拟结果的影响，经过反复实验测试，最终确定状态变量的扰动标准差最佳组合，作为状态变量集合的噪声扰动，进行集合初始化。

(4)在参数优化时，观测数据的误差对 EnKF 非常重要[230]。研究表明，通量数据的观测误差与通量数据的量级大小相关[251,252]。一般生态系统的通量数据误差为 10% ~ 20%[253]，本研究 GPP 和 Re 的通量观测误差设置为 15%，且假设两者相互独立。

(5)利用 Biome-BGC 模型算子和 t 时刻的状态变量估算 t+1 时刻的状态变量。这里模型会依据状态变量的集合大小，生成对应 t+1 时刻的模型模拟值。

(6)当 t+1 时刻存在观测时，根据模型预报误差和观测值误差计算增益矩阵，对状态变量进行同化，利用观测数据对模拟的状态变量或参数进行修正，将这一时刻状态变量集合的平均值作为该时刻状态变量的最优估计。

(7)Biome-BGC 模型运行的日步长，从生长季开始第 1 天开始，通过不断地将每日模拟结果与通量观测数据 GPP 和 Re 比较，修正模型参数，然后基于修正后参数进行下一日

的 GPP 和 Re 的模拟,直到整个生长季(115~278 天)的时间结束。

(8)最终将 Biome-BGC 模型参数优化获得的最佳每日状态变量估计值,用于模型模拟 GPP 和 Re。

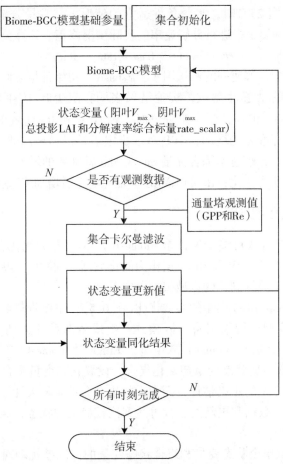

图 6.5　集合卡尔曼滤波算法同化站点观测数据与 Biome-BGC 模型模拟流程

通过 EnKF 算法同化帽儿山森林生态台站通量观测数据,进行 Biome-BGC 模型参数优化,获得落叶阔叶林的阳生叶 V_{max}、阴生叶 V_{max}、总投影 LAI 和分解速率综合标量 rate_scalar 的状态变量标准差和取值,见表 6.4、表 6.5 和图 6.6。

表 6.4　　　　基于 EnKF 的 Biome-BGC 模型参数优化的状态变量标准差

模型参数	单位	标准差
阳生叶 V_{max}	$\mu mol \cdot m^{-2} \cdot s^{-1}$	1
阴生叶 V_{max}	$\mu mol \cdot m^{-2} \cdot s^{-1}$	0.5
总投影 LAI_{proj}	DIM(无量纲)	0.2
分解速率综合标量 rate_scalar	DIM(无量纲)	0.01

表6.5 基于 EnKF 的 Biome-BGC 模型参数优化的状态变量

类型	值域	sun_V_{max} ($\mu mol \cdot m^{-2} \cdot s^{-1}$)	shade_V_{max} ($\mu mol \cdot m^{-2} \cdot s^{-1}$)	LAI_proj (DIM)	rate_scalar (DIM)
模型初始	初始化值	5.27	2.64	0.19	0.12
默认模拟	最小值	8.23	4.12	0.49	0.13
	最大值	67.06	33.53	3.43	0.48
	平均值	38.49	19.25	2.49	0.31
EnKF 优化	最小值	9.10	4.55	0.66	0.13
	最大值	81.70	40.85	5.67	0.59
	平均值	44.12	22.06	3.67	0.35

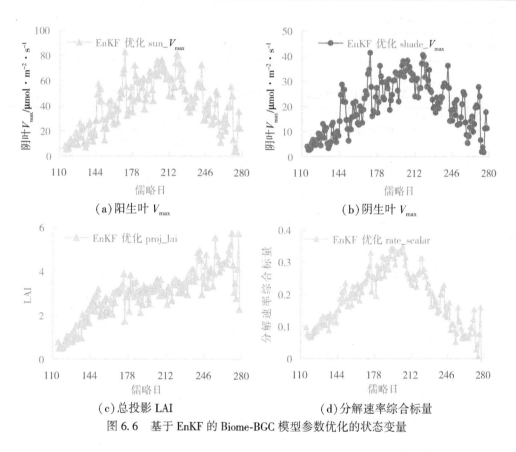

(a)阳生叶 V_{max}　　　　　　(b)阴生叶 V_{max}

(c)总投影 LAI　　　　　　(d)分解速率综合标量

图6.6 基于 EnKF 的 Biome-BGC 模型参数优化的状态变量

6.3.4 模型参数优化结果评价

采用2011年帽儿山森林生态台站的逐日通量观测数据，对模型模拟与同化结果精度评价是利用模拟值与实测值之间的决定系数(R^2)和均方根误差(RMSE)。

通过 EnKF 方法对 Biome-BGC 模型参数优化测试，实验结果(表6.6 和表6.7、图6.7

和图 6.8)表明:模型优化前 GPP 和 Re 的 R^2 分别为 0.75 和 0.85,RMSE 分别为 3.28 和 1.28,生长季的 GPP 和 Re 日值总量分别为 872.30gC · m^{-2} 和 763.08gC · m^{-2};模型参数优化后 GPP 和 Re 的 R^2 分别为 0.83 和 0.94,RMSE 分别为 2.53 和 0.55,生长季(115~278 天)的 GPP 和 Re 日值总量分别为 1020.57gC · m^{-2} 和 928.82gC · m^{-2}。

由此可见,优化后生长季 GPP 和 Re 的 RMSE 误差明显下降;模型模拟结果与通量塔实测数据相关性 R^2 明显提高;生长季 GPP 和 Re 总量有明显提高。

表 6.6　　　　　　　**基于 EnKF 的 Biome-BGC 模型参数优化方法对 GPP 的影响**

类型	线性拟合曲线	R^2	RMSE	生长季 GPP(gC · m^{-2} · d^{-1})			
				最大值	最小值	平均值	总量(gC · m^{-2})
模型默认	$y=0.50x+1.56$	0.75	3.28	8.97	0.24	5.32	872.30
EnKF 优化	$y=0.55x+2.10$	0.83	2.53	10.51	0.53	6.22	1020.57
通量观测	—	—	—	17.11	0.58	7.49	1228.94

表 6.7　　　　　　　**基于 EnKF 的 Biome-BGC 模型参数优化方法对 Re 的影响**

类型	线性拟合曲线	R^2	RMSE	生长季 Re(gC · m^{-2} · d^{-1})			
				最大值	最小值	平均值	总量(gC · m^{-2})
模型默认	$y=0.79x+0.25$	0.85	1.28	8.08	1.49	4.65	763.08
EnKF 优化	$y=x+0.07$	0.94	0.55	9.73	1.02	5.66	928.82
通量观测	—	—	—	9.53	1.48	5.59	916.11

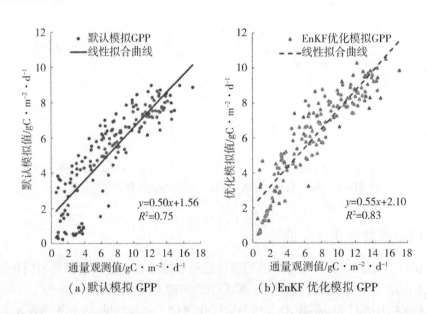

(a)默认模拟 GPP　　　　　　　(b)EnKF 优化模拟 GPP

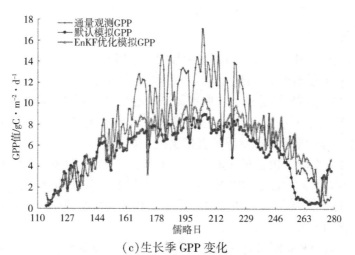

（c）生长季 GPP 变化

图 6.7　帽儿山站模型参数优化的 GPP 模拟值与实测值

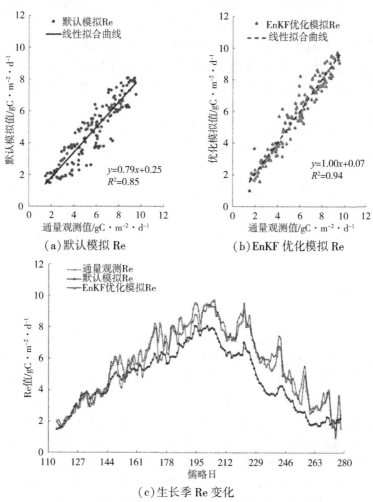

（a）默认模拟 Re　　　　　　（b）EnKF 优化模拟 Re

（c）生长季 Re 变化

图 6.8　帽儿山站模型参数优化的 Re 模拟值与实测值

6.3.5　结果与分析

通过同化帽儿山森林生态台站通量观测数据，采用 EnKF 方法对 Biome-BGC 模型状态变量参数优化，提高模型模拟精度。

(1) 通过模型参数敏感性分析，选取了 4 个状态变量参数对通量观测 GPP 和 Re 最为敏感参数：阳生叶 V_{max}、阴生叶 V_{max}、总投影 LAI 和分解速率综合标量 rate_scalar。这些参数与光合作用、能量平衡和土壤呼吸直接相关。

(2) 通过标准差变动对状态变量添加噪声扰动，并分析扰动对 GPP 和 Re 的影响：阳生叶/阴生叶 V_{max} 标准差变化对 GPP 作用大，且正相关，而对 Re 作用较小；总投影 LAI 在合适的标准差范围内变化对 GPP 和 Re 影响正相关；分解速率综合标量 rate_scalar 对 GPP 和 Re 影响作用最大。

(3) 状态变量误差和观测误差的设置是否合理直接关系到模型参数优化的效果以及模拟结果精度。本研究综合考虑了 RMSE 和 R^2、生长季 GPP 和 Re 总量以及状态变量的有效值变化范围，这样避免了由于盲目追求模拟结果效果，过度模型参数优化，让失去实际意义的状态变量参数参与模拟计算，从而有效地降低了模型模拟的不确定性。

(4) 通过多组实验测试，选取了基于 EnKF 的了 Biome-BGC 模型参数优化对应状态变量的最佳标准差组合，在保证状态变量的有效值范围内变化，同时获得较好的模拟精度，使生长季 GPP 和 Re 值模拟误差降低，有效地改善了 Biome-BGC 模型模拟结果低估的情况。

(5) 采用状态变量的最佳组合的优化方案比单个状态变量的优化来提高 GPP 和 Re 方法效果要更优，而且状态变量彼此之间的相关性越小，优化后模拟的结果就越好，能有效地降低不确定性。

综上所述，在站点尺度上，通过数据同化技术，基于 EnKF 的 Biome-BGC 模型参数优化，不仅获得了生长季随生态过程变化的状态变量每日最佳参数估计值，同时提高了模型模拟 GPP 和 Re 精度。因此，采用 EnKF 方法优化模型参数方法是切实可行且有效的，可以此作为区域尺度 Biome-BGC 模拟的参考依据。

6.4　本章小结

本章综合考虑了两种优化方法的适用性、模型改进和运行计算时间成本等因素，在站点尺度上采用 PEST 和 EnKF 两种参数优化方法。前者对模型初始化和状态参数优化：N 固定参数和最大气孔导度参数，GPP 和 Re 的 R^2 分别为 0.78 和 0.88，RMSE 分别为 2.03 和 1.18；而后者对模型状态变量参数优化：阳生叶 V_{max}、阴生叶 V_{max}、总投影 LAI 和分解速率综合标量 rate_scalar，GPP 和 Re 的 R^2 分别为 0.83 和 0.94，RMSE 分别为 2.53 和 0.55。基于 Visual Studio 平台编写程序，将 EnKF 算法与 Biome-BGC 模型耦合，实现模型参数的优化。通过验证说明了两种模型参数优化方法使得生长季 GPP 和 Re 的 RMSE 误差明显下降；模型模拟结果与通量塔实测数据相关性 R^2 明显提高；生长季 GPP 和 Re 总量有了明显提高。将两种优化方法的优势互补，从而获得更好的模型优化效果。

第7章 Biome-BGC 模型模拟与验证

7.1 Biome-BGC 模型模拟方案

在区域尺度上，以栅格化的多源时空数据作为模型输入数据，将站点尺度的参数优化研究结果推广到区域模型应用，从而达到提高其模拟精度和区域适应性的目的。东北森林生态系统主要包括 3 种森林植被功能型：常绿针叶林、落叶针叶林和落叶阔叶林，采用经过数据预处理后的研究区域植被功能型分布图。区域尺度 Biome-BGC 模型最终所采用的模型参数取值，主要通过文献检索[18,19,73-77,110]、参数优化和模型默认值相结合方法来确定。

本研究模型的初始化文件参数和植被生理生态参数取值见表 7.1 和表 7.2。

表 7.1　Biome-BGC 模型的初始化 N 控制参数值

符号	参数含义	单位	值
N_{dep}	大气 N 沉降	$kgN \cdot m^{-2} \cdot yr^{-1}$	0.0001
N_{fix}	N 固定	$kgN \cdot m^{-2} \cdot yr^{-1}$	0.00072

表 7.2　Biome-BGC 模型的植被生理生态参数值

符号	参数含义	单位	常绿针叶林（enf）	落叶针叶林（dnf）	落叶阔叶林（dbf）
FTG	转移生长占生长季的比例	prop.	0.3	0.2	0.2
FL	凋落占生长季的比例	prop.	0.3	0.2	0.2
LFRT	叶片和细根年周转比例	yr^{-1}	0.25	1	1
LWT	活木年周转比例	yr^{-1}	0.7	0.7	0.7
WPM	年植物总死亡凋落比例	yr^{-1}	0.005	0.005	0.005
FM	火灾植物死亡凋落比例	yr^{-1}	0.005	0.005	0.0025
FRC : LC	新细根 C : 新叶 C 分配	ratio	1	1	1
SC : LC	新茎 C : 新叶 C 分配	ratio	2.2	2.2	2.2
LWC : TWC	新活木 C : 新总木 C 分配	ratio	0.1	0.1	0.1

符号	参数含义	单位	常绿针叶林（enf）	落叶针叶林（dnf）	落叶阔叶林（dbf）
CRC∶SC	新粗跟 C∶新茎 C 分配	ratio	0.3	0.23	0.23
GC∶SC	当前生长∶储存生长	prop.	0.5	0.5	0.5
$C∶N_{leaf}$	叶片 C∶N 比率	kgC/kgN	42	24	24
$C∶N_{lit}$	凋落物 C∶N 比率	kgC/kgN	93	49	49
$C∶N_{fr}$	细根 C∶N 比率	kgC/kgN	42	42	42
$C∶N_{lw}$	活木 C∶N 比率	kgC/kgN	50	50	50
$C∶N_{dw}$	死木 C∶N 比率	kgC/kgN	729	442	442
L_{lab}	凋落物易分解物质含量	DIM	0.32	0.39	0.39
L_{cel}	凋落物纤维素含量	DIM	0.44	0.44	0.44
L_{lig}	凋落物木质素含量	DIM	0.24	0.17	0.17
FR_{lab}	细根易分解物质含量	DIM	0.3	0.3	0.3
FR_{cel}	细根纤维素含量	DIM	0.45	0.45	0.45
FR_{lig}	细根木质素含量	DIM	0.25	0.25	0.25
DW_{cel}	死木纤维素含量	DIM	0.76	0.76	0.76
DW_{lig}	死木木质素含量	DIM	0.24	0.24	0.24
W_{int}	冠层水分截留系数	$LAI^{-1} \cdot d^{-1}$	0.041	0.041	0.041
k	冠层消光系数	DIM	0.5	0.5	0.7
$LAI_{all∶proj}$	全叶面积∶投影叶面积	DIM	2.6	2.6	2
SLA	冠层平均比叶面积	$m^2 \cdot kgC^{-1}$	12	30	30
$SLA_{shade∶sun}$	阳生叶 SLA∶阴生 SLA	DIM	2	2	2
FLMR	Rubisco 酶中叶氮含量	DIM	0.04	0.08	0.08
g_{smax}	最大叶片气孔导度	$m \cdot s^{-1}$	0.003	0.005	0.00349
g_{cut}	角质层导度	$m \cdot s^{-1}$	0.00001	0.00001	0.00001
g_{bl}	边界层导度	$m \cdot s^{-1}$	0.08	0.08	0.01
LWP_s	气孔导度打开时叶片水势	MPa	−0.6	−0.6	−0.6
LWP_f	气孔导度关闭时叶片水势	MPa	−2.3	−2.3	−2.3
VPD_s	气孔导度打开时饱和水汽压差	Pa	930	930	930
VPD_f	气孔导度关闭时饱和水汽压差	Pa	4100	4100	4100

考虑到多时间序列的气象栅格数据量巨大(16 年×365 天×气象变量 7 个)和模型运行时间成本等因素,气象栅格数据的获取方式是基于 0.5°×0.5°气象格点数据集的预处理结果 362 个气象格点矢量点状数据,本研究区域尺度 Biome-BGC 模型模拟运行的设计方案见图 7.1。先采用 MT-CLIM 模型进行气候模拟,再进行空间插值处理,从而获取了本研究的区域尺度 Biome-BGC 模型的气象栅格数据集,空间分辨率为 1km,时间分辨率为日。借助 ArcGIS 平台和 ENVI/IDL 平台,实现模型批量处理和并行计算模式处理以及栅格结果输出,从而获得东北森林生态系统碳通量模拟结果。主要包括 6 个变量:总初级生产力(Gross Primary Productivity,GPP)、净初级生产力(Net Primary Productivity,NPP)、净生态系统生产力(Net Ecosystem Productivity,NEP)、植物维持呼吸(Maintenance Respiration,MR)、植物生长呼吸(Growth Respiration,GR)和异养呼吸(Heterotrophic Respiration,HR)。最终将区域模拟结果分别与森林资源清查固定样地和 MODIS 遥感产品以及不同学者采用不同模型研究结果进行比较,来验证区域尺度 Biome-BGC 模型碳通量模拟精度。

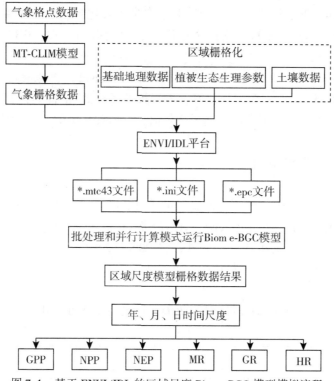

图 7.1 基于 ENVI/IDL 的区域尺度 Biome-BGC 模型模拟流程

7.2 Biome-BGC 模型模拟

将通量观测的气象数据最高气温、最低气温和降水量作为气象输入,采用 MT-CLIM 模型模拟,获取 Biome-BGC 模型所需的其他日值气象要素数据饱和水汽压差 VPD(Pa)、日太阳入射短波辐射($W \cdot m^{-2}$)和昼长(s),用于站点尺度模型模拟 GPP 和 Re。实验结果表明:Biome-BGC 模型默认模拟 GPP 和 Re 的 R^2 分别为 0.75 和 0.85,RMSE 分别为 3.28 和 1.28,生长季的 GPP 和 Re 日值总量分别为 872.30gC · m^{-2} 和 763.08gC · m^{-2},两者的 R^2 值高且 RMSE 值低说明模拟效果较好,其中 Biome-BGC 模型对 Re 的模拟效果更优于 GPP,但模拟结果的生长季总量值均远低于通量观测值。通过采用 Biome-BGC 模型参数优化方法研究,有效地解决了模型模拟低估 GPP 和 Re 的问题,从而改善了模型模拟效果。

依据模型需求,组织了 2000—2015 年研究区多时间序列气象栅格数据、CO_2 浓度数据、基础地理数据(DEM 数据、坡度和坡向数据)、植被生理生态参数文件以及模型初始化文件等。由于多时间序列的多源时空数据量超大,一次性运行整个东北地区的数据计算机负载很大,对计算机配置内存要求较高,这里 ENVI/IDL 平台自行编程二次开发程序,将东北地区栅格数据分块批量和多线程并行计算处理,分为黑龙江省(979 列×1140 行)和吉林、辽宁省(1025 列×841 行)。多时间序列的逐日气象栅格数据包括最高气温、最低气温、白天平均气温、降水量、饱和水汽压差、入射太阳短波辐射和昼长以及其他栅格化数据。区域尺度 Biome-BGC 模型模拟 6 个碳通量变量主要包括:总初级生产力(GPP)、净初级生产力(NPP)、净生态系统生产力(NEP)、植物维持呼吸(MR)、植物生长呼吸(GR)和异养呼吸(HR)。

在区域尺度 Biome-BGC 模型运行,采用 spinup 和 normal 一体化模式,省略中间 restart 文件输出,通过 ENVI/IDL 平台编程开发,进行批处理模式和并行计算相结合运行方式,获得本研究区域尺度模型模拟不同时间尺度年值、月值和日值的碳通量结果。

7.3　模型模拟结果验证

采取用小兴安岭地区的森林资源清查固定样地数据,间接计算森林地上 NPP 的方法,估算出 2003—2006 年的样地 NPP 数据,对本研究 Biome-BGC 模型估算对应年份的小兴安岭地区森林 NPP 进行验证和评价。另外,将 2000—2014 年多时间序列的模拟结果与 MODIS NPP 年值遥感数据产品进行比较,见表 7.3。

表 7.3　　　　　　　　**2000—2014 年样地、MODIS 和模型模拟 NPP 对比**

(单位:$gC \cdot m^{-2} \cdot a^{-1}$)

年份	样地			MODIS			模拟		
	最大值	最小值	平均值	最大值	最小值	平均值	最大值	最小值	平均值
2000	—	—	—	575.90	58.70	289.57	515.85	373.99	434.11
2001				618.40	94.70	337.12	521.87	362.67	437.33
2002				562.70	160.70	350.28	526.86	357.49	427.39
2003	1571.60	80.69	401.39	524.90	151.20	311.55	564.01	371.68	423.22
2004	2563.55	79.19	516.19	534.50	49.60	301.46	571.33	430.20	513.11

续表

年份	样地			MODIS			模拟		
	最大值	最小值	平均值	最大值	最小值	平均值	最大值	最小值	平均值
2005	1383.26	−11.40	316.72	617.20	233.40	400.56	558.39	398.58	496.19
2006	1381.24	−15.26	359.86	631.20	176.00	364.39	581.30	405.67	490.80
2007	—	—	—	514.90	0.00	201.11	513.25	283.03	388.48
2008	—	—	—	446.10	0.00	202.55	435.52	340.35	374.30
2009	—	—	—	632.20	216.90	421.56	630.01	390.77	447.29
2010	—	—	—	519.40	0.00	238.33	574.59	387.12	512.25
2011	—	—	—	575.30	119.00	332.32	567.45	362.50	459.00
2012	—	—	—	583.00	180.20	345.27	478.79	387.47	432.09
2013	—	—	—	639.70	287.30	452.58	628.24	484.00	549.82
2014	—	—	—	632.70	247.00	406.83	536.44	305.66	459.45

说明：— 表示无观测数据。

1. 2003—2006 年小兴安岭样地 MODIS 和 Biome-BGC 模型模拟 NPP 情况

2003 年 NPP 年平均值分别为 401.39gC·m^{-2}、311.55gC·m^{-2} 和 423.22gC·m^{-2}，模拟>样地>MODIS；2004 年 NPP 年平均值分别为 516.19gC·m^{-2}、301.46gC·m^{-2} 和 513.11gC·m^{-2}，样地>模拟>MODIS；2005 年 NPP 年平均值分别为 316.72gC·m^{-2}、400.56gC·m^{-2} 和 496.19gC·m^{-2}，模拟>MODIS>样地；2006 年 NPP 年平均值分别为 359.86gC·m^{-2}、364.39gC·m^{-2} 和 490.80gC·m^{-2}，模拟>MODIS>样地；2003—2006 年 NPP 多年平均值分别为 398.54gC·m^{-2}、344.49gC·m^{-2} 和 480.83gC·m^{-2}，模拟>样地>MODIS。

2. 2000—2014 年 MODIS 和 Biome-BGC 模型模拟 NPP 情况

多年 NPP 平均值分别为 330.37gC·m^{-2} 和 456.32gC·m^{-2}，模型模拟优于 MODIS NPP，且 2000—2014 年每年 NPP 平均值(也是模型模拟)优于 MODIS NPP 产品(图 7.2)。

由此可见，Biome-BGC 模型模拟 NPP 与样地计算的森林主体 NPP(森林地上部分碳量)在趋势上具有较好的相关性，而且模拟值比固定样地计算的主体 NPP 和 MODIS NPP 年值都高。另外，MODIS NPP 遥感产品也是由 Biome-BGC 模型估算而获得的，经过模型优化后的研究区域模拟结果更符合实际情况。因此，通过验证，说明区域尺度 Biome-BGC 模型的模拟应用在东北森林的碳通量估算是可行的和有效的。此外，本研究 Biome-BGC 模型模拟输出 2000—2014 年每年最大 LAI 值的年均值由默认 2.07 变为 4.70，也有了较大的提高。

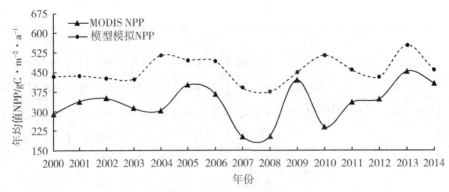

图 7.2　2000—2014 MODIS NPP 和模型模拟 NPP 对比

7.4　与其他模型比较

模型的比较不仅要考虑研究时间、空间分辨率、研究区域以及数据一致性等，同时还要保证估算方法本身的稳定性。这里按 3 种森林植被类型，从模型、空间分辨率、研究区域和时间的角度，归纳不同学者采用模型估算的年均 NPP 值和实测数据。将本研究的模型模拟结果与学者采用不同模型估算 NPP 的研究结果进行比较，见表 7.4。由表可见，实测数据年均 NPP 值，针叶林取值范围为 150~824gC·m^{-2}，阔叶林取值范围为 250~1340gC·m^{-2}，混交林取值范围为 250~1000gC·m^{-2}。不同学者模型估算年均 NPP 值，针叶林取值范围为 397.39~689.5gC·m^{-2}，阔叶林取值范围为 304~716gC·m^{-2}，混交林取值范围为 308.47~622.93gC·m^{-2}。3 种林型的多年 NPP 年均值分别为 503.09gC·m^{-2}、506.66gC·m^{-2} 和 498.76gC·m^{-2}。由此可见，本研究 3 种林型的取值范围处于不同学者的模拟结果之间，尤其与相同研究区（东北三省）、时间（2000 年以后）和空间分辨率为 1km 的学者研究结果十分接近，且取值稍高于其他模型模拟结果，说明区域尺度 Biome-BGC 模型模拟是可行和合理可靠的。

表 7.4　　　　　　　　　不同模型模拟的年均 NPP 值对比　　　　　　（单位：gC·m^{-2}）

模型	针叶林	阔叶林	混交林	分辨率	研究区域	年份	参考文献
Biome-BGC	503.09	506.66	498.76	1km	东北三省	2000—2015	本研究
BEPS	397.39	422.15	308.47	1km	东北三省	2007	毛学刚[18]
InTEC	352	449	443	1km	东北三省	1901—2009	于颖[73]
BEPS	514.16	645.13	622.93	30m	帽儿山	2011	卢伟[75]
光能利用率模型	447.32	481.12	422.29	1km	中国	2001	李贵才[249]
CEVSA	345	624	423	0.5°	中国	1981—1998	陶波[250]
CASA	432	304	330	0.04°	中国	1997	朴世龙[357]

模型	针叶林	阔叶林	混交林	分辨率	研究区域	年份	参考文献
光能利用率模型	447	643	469	8km	中国	1989—1993	朱文泉[106]
区域气候生产力模型	449.5	669	—	0.5°	中国	1956—1970	罗天祥[251]
光能利用率模型	474.5	716	403	1km	中国	1992—1993	孙睿[103]
NEPARS	345	624	423	1km	中国	2001	王军邦[110]
EPPML	689.5	466	1084	30m	长白山	2001	张娜[79]
实测数据	150~680	250~1340	250~1000	0.5°	中国	1981—1998	陶波[250]
实测数据	179~824	259~704	257~717	样地	北方森林	1989—1994	朱文泉[106]

说明：—表示无数据。

7.5 本章小结

综合考虑了两种优化方法的适用性、模型改进和运行计算时间成本等因素，在站点尺度上，采用 PEST 和 EnKF 两种参数优化方法，前者对模型初始化和状态参数优化：N 固定参数和最大气孔导度参数，GPP 和 Re 的 R^2 分别为 0.78 和 0.88，RMSE 分别为 2.03 和 1.18，而后者对模型状态变量参数优化：阳生叶 V_{max}、阴生叶 V_{max}、总投影 LAI 和分解速率综合标量 rate_scalar，GPP 和 Re 的 R^2 分别为 0.83 和 0.94，RMSE 分别为 2.53 和 0.55。基于 Visual Studio 平台编写程序，将 EnKF 算法与 Biome-BGC 模型耦合，实现模型参数的优化。通过验证说明了两种模型参数优化方法使得生长季 GPP 和 Re 的 RMSE 误差明显下降；模型模拟结果与通量塔实测数据相关性 R^2 明显提高；生长季 GPP 和 Re 总量有了明显提高。将两种优化方法的优势互补，从而获得更好的模型优化效果。

在区域尺度上，将站点尺度的参数优化研究结果推广到区域模型应用。采用 MT-CLIM 模型模拟和空间插值方法，获得 Biome-BGC 模型所需的多时间序列的气象栅格数据。基于 ENVI/IDL 编程，将东北地区栅格数据分块批量和多线程并行计算处理，实现区域尺度模型模拟。通过将模拟结果与森林资源清查样地数据和 MODIS 遥感数据以及不同学者采用不同模型研究结果比较，验证了区域尺度 Biome-BGC 模型的模拟效果和精度，说明通过数据同化技术，利用涡动相关通量观测数据，优化模型参数，调整模型状态变量，提高区域模拟效果是切实可行和合理可靠的。

模型估算结果精度的不确定性分析，主要来源为：①多源时空数据来源的精度、一致性和可靠性；②模型机理结构对生态系统过程简化以及关键过程计算方法的差异性；③遥感数据分类和评价方法的不确定性；④模型的空间尺度转换和扩展问题等。以上这些问题使得严格、精确地比较估算结果非常困难。因此，建立时空代表性的观测台站，将机理生态模型与遥感融合，可以有效降低区域和全球陆地生态系统碳通量技术的不确定性。

第8章 东北森林碳通量时空分析

8.1 东北森林生产力时空分析

8.1.1 GPP 时空分析

1. GPP 随时间变化

（1）2000—2015 年东北森林 GPP 的年际变化（图 8.1）：GPP 年值变化在 334.6~1993.8gC·m⁻²之间。由图可见，GPP 年均值在 900gC·m⁻²左右波动，最大值 2013 年为 1015.44gC·m⁻²，最小值 2000 年为 855.73gC·m⁻²。原因分析：东北森林正处于较稳定的顶极群落生态系统状态，在气候变化和扰动因素存在的情况下，会引起较大波动。

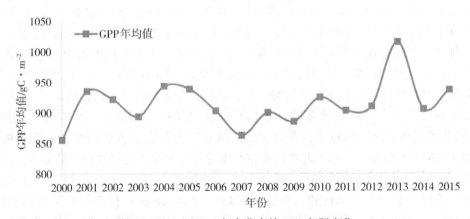

图 8.1　2000—2015 年东北森林 GPP 年际变化

（2）2011 年东北森林 GPP 的年内变化（图 8.2）：GPP 月值变化在 0~335.39gC·m⁻²之间。由图 8.2 知，GPP 呈单峰曲线变化，先增加后减少。GPP 月均值最大值 7 月为 192.72gC·m⁻²，最小值 1 月为 0.59gC·m⁻²。具有非生长季很低，而生长季 4~11 月较高的特点，6~8 月 GPP 比较稳定。原因分析：东北森林 GPP 是动态变化的，其碳循环过程与自身森林生长状况相关，生长季和非生长季之间存在较大波动。

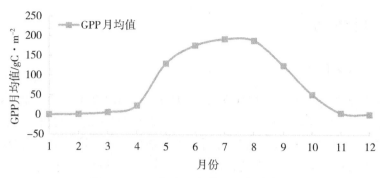

图 8.2 2011 年东北森林 GPP 年内变化

2. GPP 空间分布规律

(1)2000—2015 年东北森林 GPP 年值的空间分布情况:

黑龙江省、吉林省和辽宁省:GPP 年值最大值分别为 1761.04gC·m⁻²、1893.93gC·m⁻² 和 1993.80gC·m⁻²;最小值分别为 334.60gC·m⁻²、362.74gC·m⁻² 和 554.95gC·m⁻²;平均值分别为 780.79gC·m⁻²、884.00gC·m⁻² 和 1078.98gC·m⁻²。GPP 年值的最大值、最小值和平均值均为辽宁省>吉林省>黑龙江省,且黑龙江省年平均 GPP 波动较大。

大兴安岭、小兴安岭和长白山:GPP 年值最大值分别为 1407.85gC·m⁻²、1611.21gC·m⁻² 和 1993.80gC·m⁻²;最小值分别为 426.10gC·m⁻²、453.03gC·m⁻² 和 504.60gC·m⁻²;平均值分别为 729.85gC·m⁻²、775.51gC·m⁻² 和 881.92gC·m⁻²,最大值、最小值和平均值均为长白山>小兴安岭>大兴安岭。

针叶林、阔叶林和针阔混交林:GPP 年值最大值分别为 1923.46gC·m⁻²、1991.55gC·m⁻² 和 1989.70gC·m⁻²,林型彼此相差不大;最小值分别为 429.10gC·m⁻²、453.79gC·m⁻² 和 391.27gC·m⁻²,混交林值较低,针叶林和阔叶林相差不大;平均值分别为 964.99gC·m⁻²、903.05gC·m⁻² 和 886.31gC·m⁻²,针叶林>阔叶林>混交林。

(2)2011 年东北森林 GPP 月值的空间分布情况:

黑龙江省、吉林省和辽宁省:GPP 月值最大值分别为 286.77gC·m⁻²、320.43gC·m⁻² 和 335.39gC·m⁻²,黑龙江省最低,吉林省和辽宁省相差不大;三省月值最小值都为 0gC·m⁻²;平均值分别为 61.31gC·m⁻²、70.51gC·m⁻² 和 93.96gC·m⁻²,辽宁省>吉林省>黑龙江省。

大兴安岭、小兴安岭和长白山:GPP 月值最大值分别为 138.59gC·m⁻²、39.00gC·m⁻² 和 335.39gC·m⁻²,小兴安岭最低,长白山最高;GPP 月值最小值分别为 -16.48gC·m⁻²、0gC·m⁻² 和 -33.51gC·m⁻²,小兴安岭>大兴安岭>长白山;GPP 月值平均值分别为 37.36gC·m⁻²、9.55gC·m⁻² 和 41.52gC·m⁻²,长白山>大兴安岭>小兴安岭。

针叶林、阔叶林和针阔混交林的 GPP 月值最大值分别为 317.75gC·m⁻²、320.26gC·m⁻² 和 335.39gC·m⁻²,不同林型彼此相差不大;最小值均为 0gC·m⁻²;平均值分别为 80.76gC·m⁻²、71.45gC·m⁻² 和 73.10gC·m⁻²,针叶林最高,阔叶林和混交林相差不大。

8.1.2　NPP 时空分析

1. NPP 时间变化规律

（1）2000—2015 年东北森林 NPP 的年际变化（图 8.3）：NPP 年值变化在 40~828.19gC · m^{-2} 之间。由图可知，NPP 的年均值在 490gC · m^{-2} 左右波动，最大值 2013 年为 569.94gC · m^{-2}，最小值 2000 年为 454.2gC · m^{-2}。原因分析：东北森林正处于较稳定的顶极群落生态系统状态，在气候变化和扰动因素存在的情况下，会引起较大波动。另外，东北森林 GPP 和 NPP 年际变化趋势较为一致。

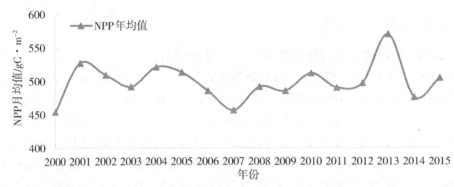

图 8.3　2000—2015 年东北森林 NPP 年际变化

（2）2011 年东北森林 NPP 的年内变化（图 8.4）：NPP 月值变化-54.7~170.19gC · m^{-2} 之间。由图可知，NPP 呈单峰变化，先增加后减少。NPP 月均值最大值 6 月为 105.85gC · m^{-2}，最小值 12 月为-2.74gC · m^{-2}。具有非生长季很低、而生长季 4—11 月较高的特点，6—8 月 NPP 比较稳定。原因分析：东北森林 NPP 是动态变化的，其碳循环过程与自身森林生长状况相关，生长季和非生长季之间存在较大波动。另外，东北森林 GPP 和 NPP 年内变化趋势较为一致。

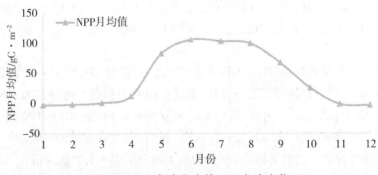

图 8.4　2011 年东北森林 NPP 年内变化

2. NPP 空间分布规律

(1)2000—2015 年东北森林 NPP 年值的空间分布情况：

黑龙江省、吉林省和辽宁省的NPP年值最大值分别为 802.06gC · m^{-2}、782.83gC · m^{-2} 和 828.19gC · m^{-2}；最小值分别为 111.01gC · m^{-2}、161.38gC · m^{-2} 和 40.64gC · m^{-2}；平均值分别为 455.06gC · m^{-2}、502.06gC · m^{-2} 和 540.07gC · m^{-2}。NPP 年值的最大值，辽宁省>黑龙江省>吉林省；最小值，辽宁省>黑龙江省>吉林省；平均值，辽宁省>吉林省>黑龙江省。

大兴安岭、小兴安岭和长白山的NPP年值最大值分别为 675.25gC · m^{-2}、699.21gC · m^{-2} 和 802.06gC · m^{-2}；最小值分别为 112.95gC · m^{-2}、111.01gC · m^{-2} 和 165.21gC · m^{-2}，长白山最高，大兴安岭和小兴安岭差别不多；平均值分别为 415.87gC · m^{-2}、459.81gC · m^{-2} 和 496.18gC · m^{-2}，林区的最大值和平均值均为长白山>小兴安岭>大兴安岭。

针叶林、阔叶林和针阔混交林的NPP年值最大值分别为 794.70gC · m^{-2}、803.32gC · m^{-2} 和 802.06gC · m^{-2}，不同林区彼此之间相差不大；最小值分别为 42.15gC · m^{-2}、115.18gC · m^{-2} 和 42.59gC · m^{-2}，阔叶林最高；平均值分别为 503.09gC · m^{-2}、506.66gC · m^{-2} 和 498.76gC · m^{-2}，不同林型彼此相差不大。

(2)2011 年东北森林 NPP 月值的空间分布情况：

黑龙江省、吉林省和辽宁省的NPP月值的最大值分别为 154.73gC · m^{-2}、160.07gC · m^{-2} 和 170.19gC · m^{-2}，三省相差不大；NPP 月值最小值分别为 -17.37gC · m^{-2}、-54.70gC · m^{-2} 和 -30.66gC · m^{-2}，黑龙江省>辽宁省>吉林省；NPP 月值平均值分别为 34.48gC · m^{-2}、39.52gC · m^{-2} 和 48.53gC · m^{-2}，辽宁省最高，黑龙江省和吉林省相差不大。

大兴安岭、小兴安岭和长白山的NPP月值最大值分别为 65.84gC · m^{-2}、274.57gC · m^{-2} 和 160.07gC · m^{-2}；NPP 月值最小值分别为 -60.92gC · m^{-2}、0gC · m^{-2} 和 -54.70gC · m^{-2}；平均值分别为 3.13gC · m^{-2}、61.42gC · m^{-2} 和 35.28gC · m^{-2}。NPP 月值最大值、最小值和平均值，均为小兴安岭最高，大兴安岭最低，小兴安岭>长白山>大兴安岭。

针叶林、阔叶林和针阔混交林的NPP月值最大值分别为 163.98gC · m^{-2}、169.29gC · m^{-2} 和 168.48gC · m^{-2}；最小值分别为 -24.67gC · m^{-2}、-50.72gC · m^{-2} 和 -54.70gC · m^{-2}，针叶林最高，阔叶林和混交林相差不大；平均值分别为 42.16gC · m^{-2}、39.60gC · m^{-2} 和 40.98gC · m^{-2}。NPP 月值最大值和平均值，不同林型彼此相差不大。

8.1.3 NEP 时空分析

1. NEP 时间变化规律

(1)2000—2015 年东北森林NEP的年际变化(图 8.5)：NEP年值变化在 -349.78 ~ 314.08gC · m^{-2}之间。由图可知，NEP 年均值在 50gC · m^{-2} 左右波动，最大值 2002 年为 112gC · m^{-2}，最小值 2013 年为 -74.71gC · m^{-2}。原因分析：东北森林的固碳能力较稳定，气候变化和扰动因素会引起较大波动，森林中储存的 CO_2 会重新释放到大气中，会降低 NEP 值。另外，东北森林 NEP 年际变化主要是由干旱程度所决定的。

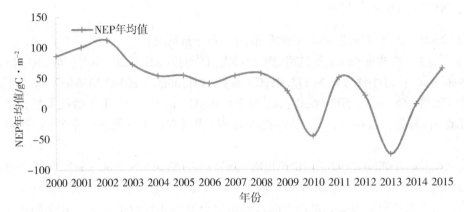

图 8.5　2000—2015 年东北森林 NEP 年际变化

（2）2011 年东北森林 NEP 的年内变化（图 8.6）：NEP 月值变化在 $-113.06\sim85gC\cdot m^{-2}$ 之间。由图可知，NEP 月均值年内变化表现为单峰变化曲线，呈现先增加后减少的趋势。其中，5—9 月相对较大且比较稳定，最大值 6 月为 $33.72gC\cdot m^{-2}$，最小值 4 月为 $-24.47gC\cdot m^{-2}$。NEP 月值具有非生长季很低、生长季 4—11 月较高的特点，且生长季的开始月和结束月有两个低谷值 NEP 为负值。原因分析：东北森林 NEP 是一种动态变化过程，其与气候变化和人为活动扰动因素以及自身森林生长状况相关，生长季和非生长季之间存在较大波动。

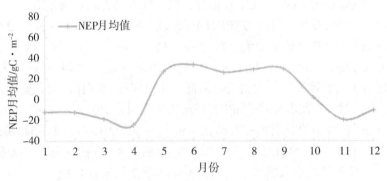

图 8.6　2011 年东北森林 NEP 年内变化

2. NEP 空间分布规律

（1）2000—2015 年东北森林 NEP 年值的空间分布情况：

黑龙江省、吉林省和辽宁省的 NEP 年值最大值分别为 $284.15gC\cdot m^{-2}$、$291.19gC\cdot m^{-2}$ 和 $314.08gC\cdot m^{-2}$，三省彼此间相差不大；最小值分别为 $-349.78gC\cdot m^{-2}$、$-319.20gC\cdot m^{-2}$ 和 $-263.41gC\cdot m^{-2}$；辽宁省＞吉林省＞黑龙江省；NEP 平均值分别为 $44.31gC\cdot m^{-2}$、$40.29gC\cdot m^{-2}$ 和 $43.50gC\cdot m^{-2}$，三省之间彼此相差不大，其中黑龙江省和吉林省年平均

NEP 波动相对较大。

大兴安岭、小兴安岭和长白山的 NEP 年值最大值分别为 258.30gC·m^{-2}、284.15gC·m^{-2}和291.19gC·m^{-2}，大兴安岭最低，小兴安岭和长白山相差不大；最小值分别为-217.29gC·m^{-2}、-323.72gC·m^{-2}和-349.78gC·m^{-2}，大兴安岭>小兴安岭>长白山；平均值分别为58.21gC·m^{-2}、39.25gC·m^{-2}和41.06gC·m^{-2}，大兴安岭>长白山>小兴安岭，不同林区之间彼此相差不大。

针叶林、阔叶林和针阔混交林的 NEP 年值最大值分别为 305.84gC·m^{-2}、304.29gC·m^{-2}和310.32gC·m^{-2}；最小值分别为-319.60gC·m^{-2}、-345.66gC·m^{-2}和-348.02gC·m^{-2}；平均值分别为46.80gC·m^{-2}、39.87gC·m^{-2}和41.44gC·m^{-2}。多年 NEP 最大值、最小值和平均值，不同林型之间彼此相差不大。

(2)2011 年东北森林 NEP 月值的空间分布情况：

黑龙江省、吉林省和辽宁省的 NEP 月值最大值分别为74.69gC·m^{-2}、83.76gC·m^{-2}和85.34gC·m^{-2}，三省彼此之间相差不大；最小值分别为-60.92gC·m^{-2}、-113.06gC·m^{-2}和-84.53gC·m^{-2}，黑龙江省>辽宁省>吉林省；NEP 月值平均值分别为6.99gC·m^{-2}、2.17gC·m^{-2}和3.45gC·m^{-2}，各省之间彼此相差不大。

大兴安岭、小兴安岭和长白山的NEP月值最大值分别为74.69gC·m^{-2}、63.28gC·m^{-2}和124.13gC·m^{-2}；NEP 月值最小值分别为-31.21gC·m^{-2}、-44.30gC·m^{-2}和-113.06gC·m^{-2}，长白山最低，大、小兴安岭相差不大；平均值分别为9.43gC·m^{-2}、6.64gC·m^{-2}和15.57gC·m^{-2}。NEP 月值最大值和平均值，长白山最高，大、小兴安岭相差不大。

针叶林、阔叶林和针阔混交林的NEP月值最大值分别为74.56gC·m^{-2}、82.75gC·m^{-2}和83.76gC·m^{-2}；NEP 月值最小值分别为-55.59gC·m^{-2}、-107.85gC·m^{-2}和-112.82gC·m^{-2}，针叶林最高，阔叶林和混交林相差不大；NEP 月值平均值分别为 14.04gC·m^{-2}、14.74gC·m^{-2}和15.30gC·m^{-2}。NEP 月值最大值和平均值，各林型之间彼此相差不大。

8.2 东北森林呼吸时空分析

8.2.1 MR 时空分析

1. MR 随时间变化的规律

(1)2000—2015年东北森林MR的年际变化(图8.7)：MR年值变化在 72.49~1133.99gC·m^{-2} 之间。由图可知，MR 年均值在 265gC·m^{-2} 左右波动，最大值 2014 年为 284.96gC·m^{-2}，最小值 2001 年为 251.716gC·m^{-2}。

(2)2011 年东北森林 MR 的年内变化(图8.8)：MR 月值变化在 0.18~176.95gC·m^{-2} 之间。由图可知，MR 呈单峰曲线变化，峰形较尖锐，具有非生长季很低、生长季 4—11 月较高的特点。MR 月均值 7—8 月相对较高且较稳定，最大值 8 月为 59.34gC·m^{-2}，最小值 1 月为 2.95gC·m^{-2}。

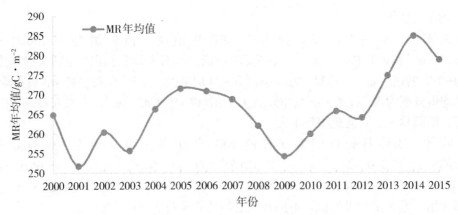

图 8.7　2000—2015 年东北森林 MR 年际变化

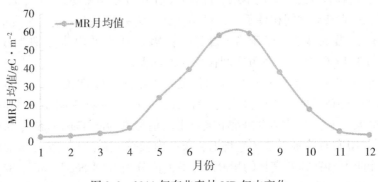

图 8.8　2011 年东北森林 MR 年内变化

2. MR 空间分布规律

(1)2000—2015 年东北森林 MR 年值的空间分布情况:

黑龙江省、吉林省和辽宁省:MR 年值最大值分别为 827.12gC·m⁻²、1015.28gC·m⁻² 和 1133.99gC·m⁻²;最小值分别为 72.49gC·m⁻²、102.75gC·m⁻² 和 131.91gC·m⁻²;平均值分别为 189.23gC·m⁻²、231.38gC·m⁻² 和 337.05gC·m⁻²。MR 多年最大值、最小值和平均值均为辽宁省>吉林省>黑龙江省。

大兴安岭、小兴安岭和长白山:MR 年值最大值分别为 643.94gC·m⁻²、763.54gC·m⁻² 和 1133.99gC·m⁻²,长白山最高,大、小兴安岭相差不大;最小值分别为 72.49gC·m⁻²、99.12gC·m⁻² 和 105.31gC·m⁻²,大兴安岭最低,小兴安岭和长白山相差不大;平均值分别为 189.26gC·m⁻²、77.76gC·m⁻² 和 236.94gC·m⁻²,长白山>大兴安岭>小兴安岭。

针叶林、阔叶林和针阔混交林:MR 年值最大值分别为 1069.46gC·m⁻²、1112.68gC·m⁻² 和 1133.99gC·m⁻²,针叶林最低,阔叶林和混交林相差不大;最小值分别为 72.49gC·m⁻²、77.48gC·m⁻² 和 72.55gC·m⁻²,彼此相差不大;平均值分别为 311.09gC·m⁻²、244.46gC·m⁻² 和 237.97gC·m⁻²,针叶林最高,阔叶林和混交林相差不大。

（2）2011年东北森林MR月值的空间分布情况

黑龙江省、吉林省和辽宁省：MR月值最大值分别为161.50gC·m⁻²、173.93gC·m⁻²和176.95gC·m⁻²；MR月值最小值分别为0.18gC·m⁻²、0.22gC·m⁻²和0.30gC·m⁻²；MR月值平均值分别为16.47gC·m⁻²、19.05gC·m⁻²和30.91gC·m⁻²，辽宁省最高，吉林省和黑龙江省相差不大。MR月值最大值和最小值，三省之间相差不大。

大兴安岭、小兴安岭和长白山：MR月值的最大值分别为154.73gC·m⁻²、258.29gC·m⁻²和176.95gC·m⁻²，小兴安岭>长白山>大兴安岭；MR月值的最小值分别为-12.72gC·m⁻²、0gC·m⁻²和0.22gC·m⁻²，长白山>小兴安岭>大兴安岭；平均值分别为33.30gC·m⁻²、64.77gC·m⁻²和18.95gC·m⁻²，小兴安岭最大，不同林区之间相差不大。

针叶林、阔叶林和针阔混交林：MR月值的最大值分别为173.61gC·m⁻²、173.44gC·m⁻²和176.47gC·m⁻²；MR月值的最小值分别为0.18gC·m⁻²、0.19gC·m⁻²和0.18gC·m⁻²；平均值分别为25.99gC·m⁻²、19.93gC·m⁻²和19.82gC·m⁻²。

8.2.2 GR时空分析

1. GR时间变化

（1）2000—2015年东北森林GR的年际变化（图8.9）：GR年均值在150gC·m⁻²左右波动，最大值2013年为170.69gC·m⁻²，最小值2000年为136.38gC·m⁻²。

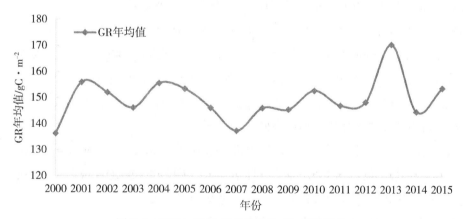

图8.9 2000—2015年东北森林GR年际变化

（2）2011年东北森林GR的年内变化（图8.10）：GR平均值5—9月相对较高且较稳定，最大值6月为31.11gC·m⁻²，最小值为1月和12月均为0gC·m⁻²。MR变化曲线的峰形较尖锐，而GR峰形较宽且平坦。

2. GR空间分布

（1）2000—2015年东北森林GR年值的空间分布情况：

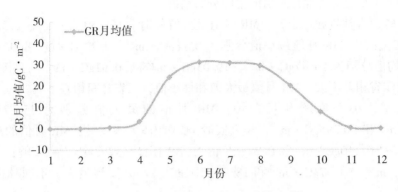

图 8.10 2011 年东北森林 GR 年内变化

黑龙江省、吉林省和辽宁省：GR 年值最大值分别为 228.95gC·m^{-2}、234.34gC·m^{-2} 和 247.59gC·m^{-2}；最小值分别为 51.39gC·m^{-2}、54.75gC·m^{-2} 和 63.32gC·m^{-2}；平均值分别为 136.50gC·m^{-2}、150.83gC·m^{-2} 和 161.85gC·m^{-2}。GR 年值最大值和最小值，辽宁省值高，其他两省相差不大；平均值，辽宁省>吉林省>黑龙江省。

大兴安岭、小兴安岭和长白山：GR 年值最大值分别为 197.00gC·m^{-2}、203.12gC·m^{-2} 和 234.34gC·m^{-2}，长白山最大，大、小兴安岭两者相差不大；最小值分别为 57.43gC·m^{-2}、59.56gC·m^{-2} 和 73.65gC·m^{-2}，长白山最高，林区间相差不大；平均值分别为 124.72gC·m^{-2}、137.93gC·m^{-2} 和 148.80gC·m^{-2}，长白山>小兴安岭>大兴安岭。

针叶林、阔叶林和针阔混交林：GR 年值最大值分别为 238.92gC·m^{-2}、239.69gC·m^{-2} 和 239.34gC·m^{-2}，不同林型彼此相差不大；最小值分别为 67.40gC·m^{-2}、57.76gC·m^{-2} 和 56.97gC·m^{-2}，针叶林最高，阔叶林和混交林两者相差不大；平均值分别为 150.81gC·m^{-2}、151.94gC·m^{-2} 和 149.57gC·m^{-2}，不同林型彼此相差不大。

(2) 2011 年东北森林 GR 月值的空间分布情况

黑龙江省、吉林省和辽宁省：GR 月值最大值分别为 46.22gC·m^{-2}、44.35gC·m^{-2} 和 50.43gC·m^{-2}；最小值都为 0gC·m^{-2}；月平均值分别为 10.36gC·m^{-2}、11.94gC·m^{-2}、14.52gC·m^{-2}。GR 月值最大值和最小值三省之间相差不大。

大兴安岭、小兴安岭和长白山：GR 月值最大值分别为 143.31gC·m^{-2}、41.42gC·m^{-2} 和 61.68gC·m^{-2}，大兴安岭>长白山>小兴安岭；最小值分别为 0.77gC·m^{-2}、0gC·m^{-2} 和 -64.65gC·m^{-2}，长白山最低，大兴安岭和小兴安岭相差不大；平均值分别为 23.88gC·m^{-2}、11.22gC·m^{-2} 和 6.78gC·m^{-2}，大兴安岭>小兴安岭>长白山。

针叶林、阔叶林和针阔混交林：GR 月值最大值分别为 48.56gC·m^{-2}、50.16gC·m^{-2} 和 49.92gC·m^{-2}；最小值均为 0gC·m^{-2}；平均值分别为 12.61gC·m^{-2}、11.92gC·m^{-2} 和 12.30gC·m^{-2}，不同林型最大值、最小值和平均值之间相差不大。

8.2.3 HR 时空分析

1. HR 随时间变化

(1)2000—2015年东北森林HR的年际变化(图8.11):HR年值变化在195.87~960.76gC·m^{-2}之间。由图可知,HR 年均值在 450gC·m^{-2} 左右波动,最大值 2013 年为 644.65gC·m^{-2},最小值 2000 年为 368.28gC·m^{-2}。东北森林 HR 年际变化总体表现稳定,且呈逐步增加趋势。

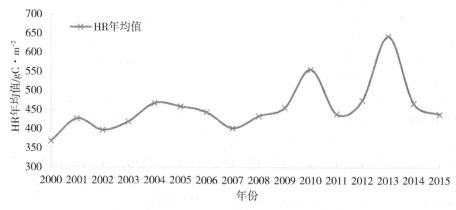

图 8.11 2000—2015 年东北森林 HR 年际变化

(2)2011 年东北森林 HR 的年内变化(图 8.12):HR 月值变化在 0.52~153.12gC·m^{-2}之间,表现出十分明显的年内变化。由图可知,HR 平均值 4—10 月相对较大,最大值 7 月为 77.38gC·m^{-2},最小值 12 月为 7.51gC·m^{-2}。从 2011 年来看,东北森林各月碳通量 HR 月平均值变化趋势表现为单峰曲线,具有非生长季很低、生长季 3—11 月较高的特点。其中 6—8 月 HR 月平均值高,7 月达到最大峰值。

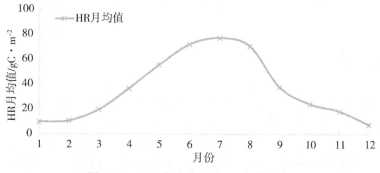

图 8.12 2011 年东北森林 HR 年内变化

2. HR 空间分布

（1）2000—2015 年东北森林 HR 年值的空间分布情况：

黑龙江省、吉林省和辽宁省：HR 年值最大值分别为 960.76gC·m^{-2}、934.71gC·m^{-2} 和 902.20gC·m^{-2}，黑龙江省>吉林省>辽宁省；HR 年值最小值分别为 203.78gC·m^{-2}、195.87gC·m^{-2} 和 211.95gC·m^{-2}，三省之间相差不大；平均值分别为 410.76gC·m^{-2}、461.77gC·m^{-2} 和 496.56gC·m^{-2}，辽宁省>吉林省>黑龙江省。

大兴安岭、小兴安岭和长白山：HR 年值最大值分别为 704.24gC·m^{-2}、827.41gC·m^{-2} 和 960.76gC·m^{-2}，长白山>小兴安岭>大兴安岭；最小值分别为 203.78gC·m^{-2}、212.79gC·m^{-2} 和 195.87gC·m^{-2}，林区之间相差不大；平均值分别为 357.66gC·m^{-2}、420.56gC·m^{-2} 和 455.11gC·m^{-2}，长白山>小兴安岭>大兴安岭。

针叶林、阔叶林和针阔混交林：HR 年值最大值分别为 882.90gC·m^{-2}、953.57gC·m^{-2} 和 947.72gC·m^{-2}；最小值分别为 205.16gC·m^{-2}、200.22gC·m^{-2} 和 195.87gC·m^{-2}；平均值分别为 456.29gC·m^{-2}、466.79gC·m^{-2} 和 457.33gC·m^{-2}。多年 HR 最大值针叶林最低，阔叶林和混交林相差不大，最小值和平均值不同林型之间相差不大。

（2）2011 年东北森林 HR 月值的空间分布情况：

黑龙江省、吉林省和辽宁省：HR 月值最大值分别为 66.97gC·m^{-2}、245.32gC·m^{-2} 和 151.69gC·m^{-2}，黑龙江省最低，吉林省>辽宁省>黑龙江省；HR 月值最小值分别为 -40.57gC·m^{-2}、0gC·m^{-2} 和 0.18gC·m^{-2}，黑龙江省最低，吉林省和辽宁省相差不大；平均值分别为 8.87gC·m^{-2}、56.84gC·m^{-2} 和 28.79gC·m^{-2}，黑龙江省最低，吉林省>辽宁省>黑龙江省。

大兴安岭、小兴安岭和长白山：HR 月值最大值分别为 140.04gC·m^{-2}、151.09gC·m^{-2} 和 151.69gC·m^{-2}；HR 月值最小值分别为 0.53gC·m^{-2}、0.52gC·m^{-2} 和 0.52gC·m^{-2}；平均值分别为 37.15gC·m^{-2}、36.35gC·m^{-2} 和 36.49gC·m^{-2}；最大值、最小值和平均值，不同林区之间相差不大。

针叶林、阔叶林和针阔混交林：HR 月值最大值分别为 140.04gC·m^{-2}、151.09gC·m^{-2} 和 151.69gC·m^{-2}；最小值分别为 0.53gC·m^{-2}、0.52gC·m^{-2} 和 0.52gC·m^{-2}；平均值分别为 37.15gC·m^{-2}、36.35gC·m^{-2} 和 36.49gC·m^{-2}；最大值、最小值和平均值，不同林型之间相差不大。

8.3　本章小结

本章从森林生产力、自养呼吸和异养呼吸的角度，分别对 Biome-BGC 模型模拟 2000—2015 年东北森林生态系统碳通量结果进行了时空分析，主要包括：总初级生产力（GPP）、净初级生产力（NPP）、净生态系统生产力（NEP）、植物维持呼吸（MR）、植物生长呼吸（GR）和异养呼吸（HR）。基于 NEP 进一步分析了东北森林碳/汇的时空分布特征。

1. 东北森林生产力时空分析

（1）时间变化规律：GPP 和 NPP 年值表现出明显的年际变化且两者变化趋势较为一

致。在气候变化和扰动因素影响下，会引起个别年份出现较大波动，最大值 2013 年为 1015.44gC·m⁻²，最小值 2000 年为 855.73gC·m⁻²。GPP 和 NPP 月均值年内变化表现为单峰曲线，具有非生长季很低、而生长季 4—11 月较高的特点。NEP 年值表现出十分明显的年际变化，总体上呈逐步缓慢下降趋势，NEP 年均值为 50gC·m⁻² 左右，除了 2010 年、2013 年外均为正值。在气候变化和扰动因素存在的情况下，会引起个别年份出现较大波动。NEP 月均值年内变化表现为单峰曲线，生长季 4—11 月值较高，而生长季的开始月和结束月有两个 NEP 为负值的低谷值。

(2)空间变化规律：GPP 年值为辽宁省>吉林省>黑龙江省，长白山>小兴安岭>大兴安岭；而 NPP 年值所对应三省大小关系有所不同，长白山最高，而大、小兴安岭相差不大。GPP 月值黑龙江省最低，而其他两省相差不大，不同林区存在一定差别，而 NPP 月值三省之间相差不大，小兴安岭>长白山>大兴安岭。GPP 和 NPP 年、月值均为不同林型之间相差不大。NEP 年值三省之间相差不大，NEP 年值所对应的林区大小关系有所不同，不同林型之间相差不大。NEP 月值各省之间相差不大，大、小兴安岭和长白山林区大小关系有所不同，各林型之间相差不大。

2. 东北森林自养呼吸时空分析

(1)时间变化规律：MR 和 GR 年值表现出明显的年际变化，MR 年均值为 265gC·m⁻² 左右。MR 和 GR 月均值年内变化均表现为单峰曲线，具有非生长季月均值很低、生长季 4—11 月均值较高的特点；MR 变化曲线的峰形较尖锐，而 GR 的峰形较宽且平坦。

(2)空间变化规律：MR 和 GR 年值为辽宁省>吉林省>黑龙江省，长白山最高，大、小兴安岭两者之间相差不大；MR 年值为针叶林最高，阔叶林和混交林相差不大，而 GR 年值为不同林型之间相差不大。MR 月值为辽宁省最高，吉林省和黑龙江省相差不大，而 GR 月值三省之间相差不大。MR 月值不同林区之间相差不大，而 GR 月值为大兴安岭>小兴安岭>长白山。MR 和 GR 月值不同林型之间相差不大。

3. 东北森林异养呼吸时空分析

(1)时间变化规律：HR 年值表现出十分明显的年际变化，HR 年均值为 450gC·m⁻² 左右，总体表现稳定，且有逐步增加趋势。HR 月平均值变化趋势表现为单峰曲线，非生长季很低，生长季较高。

(2)空间变化规律：HR 年值三省和不同林型之间相差不大，长白山>小兴安岭>大兴安岭。HR 月值为吉林省>辽宁省>黑龙江省，不同林区和林型之间相差不大。

第9章　干旱对东北森林碳源/汇的影响分析

9.1　基于 SPEI 的东北干旱时空分析

本节基于 2000—2015 年多时间尺度 SPEI 数据,分析东北干旱时空特征及其变化规律。SPEI01、SPEI03 和 SPEI12 分别反映了月、季和年的干旱特征。SPEI 数值的大小表示干湿程度,其值越大表示越湿润,越小则表示越干旱。

9.1.1　东北干旱的时间变化

采用 M-K 检验方法(Mann-Kendall,M-K),分析东北三省 SPEI 时间特征的变化趋势以及时间突变。M-K 检验方法是一种非参数统计检验方法,其优点是不需要样本遵从一定的分布,也不受少数异常值的干扰,适用于时间序列分析。UF_i 为标准正态分布,$UB_k = -UF_k$($k=n$,$n-1$,…,1)。UF 曲线能够表示时间序列的变化趋势。若 UF>0,则表示时间序列呈上升趋势;若 UF<0,则相反。给定显著性水平 α,若 $|UF_i|>U_\alpha$,则表明序列存在明显的趋势变化,即当 UF 值超过临界线时,表示时间序列上升或下降趋势显著。若 UF_k 和 UB_k 曲线相交且交点在临界线之间,则交点所对应的时刻是突变时间。设置 $\alpha = 0.05$,则 UF 和 UB 的临界线值为 ±1.96。

1. SPEI01 随时间变化

从 M-K 检验方法的结果来看,2000—2015 年东北三省 SPEI01 随时间变化(图 9.1):在研究时间内,UF 曲线变化呈波动上升的趋势,反映了干湿交替变化,总体上呈由干旱变为湿润的变化趋势。其中,2004 年、2007 年和 2008 年是发生干湿变化的时间突变点。由于 UF 曲线未通过 95% 置信度的显著性检验,表明了 SPEI01 上升趋势不显著,即由干旱变为湿润的趋势不明显。

(1)黑龙江省 SPEI01 年际变化(图 9.2):在研究时间内,UF 曲线变化呈波动上升的趋势,反映了干湿交替变化,总体上呈由干旱变为湿润的变化趋势。其中,2009 年和 2011 年是发生干湿变化的时间突变点。由于 UF 曲线未通过 95% 置信度的显著性检验,表明了 SPEI01 上升趋势不显著,即由干旱变为湿润的趋势不明显。

(2)吉林省 SPEI01 年际变化(图 9.3):在研究时间内,UF 曲线变化呈波动上升的趋势,反映了干湿交替变化,总体上呈由干旱变为湿润的变化趋势。其中,2004 年、2008 年和 2014 年是发生干湿变化的时间突变点。由于 UF 曲线未通过 95% 置信度的显著性检验,表明了 SPEI01 上升趋势不显著,即由干旱变为湿润的趋势不明显。

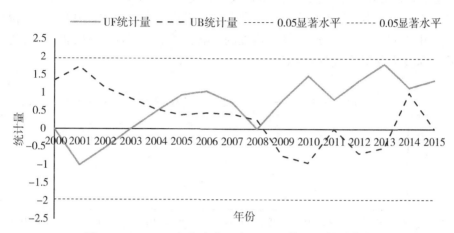

图 9.1 2000—2015 年东北三省 SPEI01 的 M-K 检验曲线

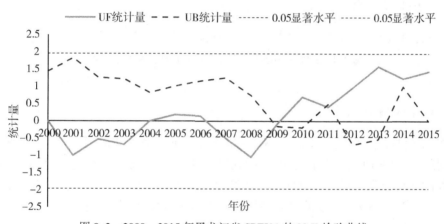

图 9.2 2000—2015 年黑龙江省 SPEI01 的 M-K 检验曲线

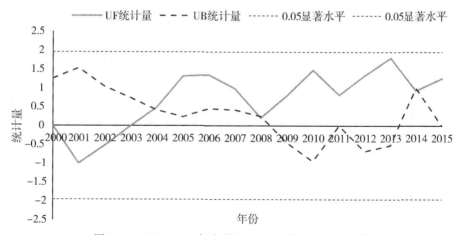

图 9.3 2000—2015 年吉林省 SPEI01 的 M-K 检验曲线

（3）辽宁省 SPEI01 年际变化(图 9.4)：UF 曲线变化呈波动上升的趋势，反映了干湿交替变化，总体上呈由干旱变为湿润的变化趋势。其中，2004 年和 2014 年是干湿变化时间突变点。由于 UF 曲线未通过 95% 置信度的显著性检验，表明了 SPEI01 上升趋势不显著，即由干旱变为湿润的趋势不明显。

图 9.4　2000—2015 年辽宁省 SPEI01 的 M-K 检验曲线

2. SPEI03 随时间变化

从 M-K 检验方法的结果来看，2000—2015 年东北三省 SPEI03 随时间变化见图 9.5。在研究时间内，UF 曲线变化呈波动上升的趋势，反映了干湿交替变化，总体上呈由干旱变为湿润的变化趋势。其中，2004 年、2007 年和 2008 年是发生干湿变化的时间突变点。由于 UF 曲线通过 95% 置信度的显著性检验，表明了 SPEI03 上升趋势显著，即由干旱变为湿润的趋势明显。

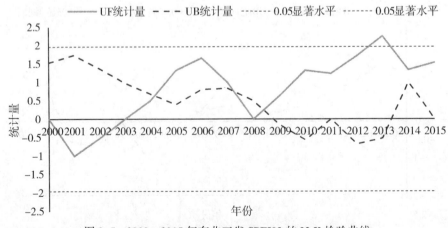

图 9.5　2000—2015 年东北三省 SPEI03 的 M-K 检验曲线

(1)黑龙江省 SPEI03 年际变化(图 9.6):在研究时间内,UF 曲线变化呈波动上升的趋势,反映了干湿交替变化,总体上呈由干旱变为湿润的变化趋势。其中,2005 年、2006 年和 2008 年是发生干湿变化的时间突变点。由于 UF 曲线通过 95%置信度的显著性检验,表明了 SPEI03 上升趋势显著,即由干旱变为湿润的趋势明显。

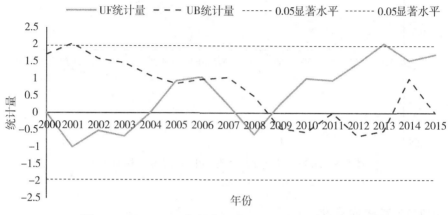

图 9.6　2000—2015 年黑龙江省 SPEI03 的 M-K 检验曲线

(2)吉林省 SPEI03 年际变化(图 9.7):在研究时间内,UF 曲线变化呈波动上升的趋势,反映了干湿交替变化,总体上呈由干旱变为湿润的变化趋势。其中,2008 年和 2014 年是发生干湿变化的时间突变点。由于 UF 曲线未通过 95%置信度的显著性检验,表明了 SPEI03 上升趋势不显著,即由干旱变为湿润的趋势不明显。

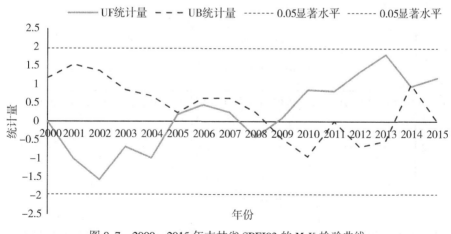

图 9.7　2000—2015 年吉林省 SPEI03 的 M-K 检验曲线

(3)辽宁省 SPEI03 年际变化(图 9.8):在研究时间内,UF 曲线变化呈波动上升的趋势,反映了干湿交替变化,总体上呈由干旱变为湿润的变化趋势。其中,2001 年和 2002 年是干湿变化的时间突变点。由于 UF 曲线通过 95%置信度的显著性检验,表明了 SPEI03

上升趋势显著，即由干旱变为湿润的趋势明显。

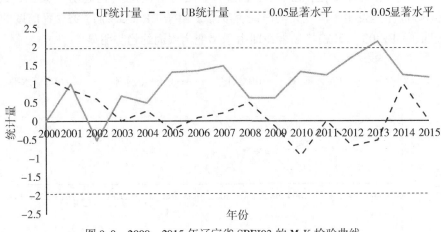

图 9.8 2000—2015 年辽宁省 SPEI03 的 M-K 检验曲线

3. SPEI12 随时间变化

从 M-K 检验方法的结果来看，2000—2015 年东北三省 SPEI12 随时间变化见图 9.9。在研究时间内，UF 曲线变化呈波动上升的趋势，反映了干湿交替变化，总体上呈由干旱变为湿润的变化趋势。其中，2004 年是发生干湿变化的时间突变点。由于 UF 曲线通过 95%置信度的显著性检验，表明了 SPEI12 上升趋势显著，即由干旱变为湿润的趋势明显。

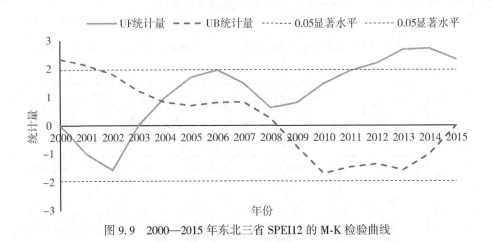

图 9.9 2000—2015 年东北三省 SPEI12 的 M-K 检验曲线

(1)黑龙江省 SPEI12 年际变化(图 9.10)：在研究时间内，UF 曲线变化呈波动上升的趋势，反映了干湿交替变化，总体上呈由干旱变为湿润的变化趋势。其中，2005 年、2006 年和 2009 年是发生干湿变化的时间突变点。由于 UF 曲线通过 95%置信度的显著性检验，表明了 SPEI12 上升趋势显著，即由干旱变为湿润的趋势明显。

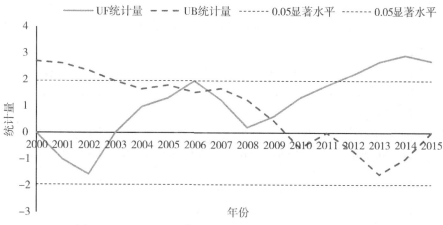

图 9.10　2000—2015 年黑龙江省 SPEI12 的 M-K 检验曲线

（2）吉林省 SPEI12 年际变化（图 9.11）：在研究时间内，UF 曲线变化呈波动上升的趋势，反映了干湿交替变化，总体上呈由干旱变为湿润的变化趋势。其中，2003 年是发生干湿变化的时间突变点。由于 UF 曲线通过 95% 置信度的显著性检验，表明了 SPEI12 上升趋势显著，即由干旱变为湿润的趋势明显。

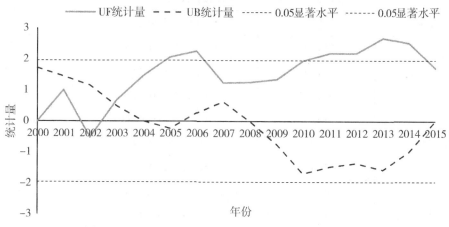

图 9.11　2000—2015 年吉林省 SPEI12 的 M-K 检验曲线

（3）辽宁省 SPEI12 年际变化（图 9.12）：在研究时间内，UF 曲线变化呈波动上升的趋势，反映了干湿交替变化，总体上呈由干旱变为湿润的变化趋势。其中，2001 年是干湿变化的时间突变点。由于 UF 曲线通过 95% 置信度的显著性检验，表明了 SPEI12 上升趋势显著，即由干旱变为湿润的趋势明显。

从 UF 曲线的线性拟合模型来看，2000—2015 年东北三省多时间尺度 SPEI 表现出由干旱变为湿润的总趋势（表 9.1）。线性拟合模型的斜率均为正值，说明了多时间尺度 SPEI 随时间变化而增加的总趋势。模型拟合优度 R^2 值均值由大到小的关系为：黑龙江省 ＞东北三省＞吉林省＞辽宁省。其中，东北三省 R^2 由大到小的关系为：SPEI12＞SPEI01＞

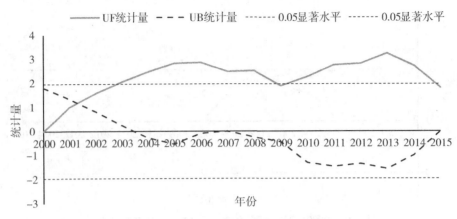

图 9.12 2000—2015 年辽宁省 SPEI12 的 M-K 检验曲线

SPEI03；黑龙江省 R^2 由大到小的关系为：SPEI12>SPEI03>SPEI01；吉林省 R^2 由大到小的关系为：SPEI03>SPEI12>SPEI01；辽宁省 R^2 由大到小的关系为：SPEI01>SPEI03>SPEI12。

表 9.1　多时间尺度 SPEI 的 M-K 检验曲线的线性拟合

研究区	SPEI	线性拟合模型	R^2
东北三省	SPEI01	$y=0.1313x-0.4634$	0.6566
	SPEI03	$y=0.1475x-0.4461$	0.6038
	SPEI12	$y=0.2224x-0.7459$	0.6963
黑龙江省	SPEI01	$y=0.1367x-0.9833$	0.6136
	SPEI03	$y=0.1614x-0.8482$	0.6651
	SPEI12	$y=0.2333x-0.8981$	0.7155
吉林省	SPEI01	$y=0.1214x-0.3264$	0.5461
	SPEI03	$y=0.1651x-1.1992$	0.691
	SPEI12	$y=0.1414x+0.3003$	0.5679
辽宁省	SPEI01	$y=0.1501x-0.6768$	0.5933
	SPEI03	$y=0.0902x+0.2243$	0.429
	SPEI12	$y=0.1044x+1.3093$	0.370

9.1.2　东北干旱的空间分布

采用 EOF 方法（Empirical Orthogonal Function，EOF），分析东北三省 SPEI 空间分布状况及其相应时间变化特征。EOF 方法在不损失原有信息的前提下，对矩阵进行经验正交分解，提取了主要特征向量，是原始变量的线性组合，分离出具有一定物理意义的空间结构。时间系数代表了所对应特征向量空间分布模态的时间变化特征，其符号决定模态的方向，正号表示与模态同方向，负号则相反。

1. SPEI01 空间分布

基于 EOF 方法的结果，分析 2000—2015 年东北三省 SPEI01 空间分布特征。从空间模态(表 9.2 和图 9.13)来看，前两个特征向量值的方差贡献率分别为 84.87% 和 5.66%，两者的累积贡献率已达 90.53%。选取通过了 95% 置信度的显著性检验的前两个特征向量来分析 SPEI01 的空间分布特征(图 9.14)：模态 1 是空间分布的主要形态，取值均为正值，其呈同向分布模式，即表明了全区全年 SPEI01 分布的一致性特征，且西南比北部、东部更为显著；模态 2 是空间分布的典型形态，取值为正负值，其呈反向分布模式，即表明了全区全年 SPEI01 分布的差异性，西部与东部呈相反分布模式。从时间系数(图 9.15)来看，两个空间模态所对应的时间系数均随时间变化一直绕 0 值呈波动变化状态，模态 1 的时间变化特征更显著，时间系数所反映的情形与特征向量的时空规律基本一致。

表 9.2 **2000—2015 年东北三省 SPEI01 的 EOF 方法结果**

模态	特征向量值	方差贡献率	累积方差贡献率	误差范围	
				上限	下限
1	222.37	84.87	84.87	314.36	130.38
2	14.84	5.66	90.53	20.97	8.70
3	10.37	3.96	94.49	14.66	6.08
4	7.43	2.83	97.32	10.50	4.35
5	2.07	0.79	98.11	2.92	1.21
6	1.66	0.64	98.75	2.35	0.98
7	0.96	0.37	99.12	1.36	0.56
8	0.73	0.28	99.40	1.04	0.43
9	0.66	0.25	99.65	0.94	0.39
10	0.25	0.10	99.75	0.36	0.15
11	0.24	0.09	99.84	0.34	0.14
12	0.15	0.06	99.90	0.21	0.09
13	0.10	0.04	99.93	0.15	0.06
14	0.09	0.04	99.97	0.13	0.06
15	0.08	0.03	100.00	0.11	0.05
16	0.00	0.00	100.00	0.00	0.00

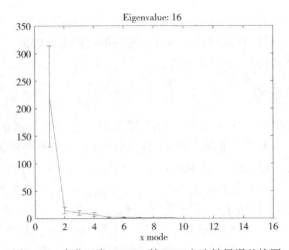

图 9.13 东北三省 SPEI01 的 EOF 方法结果误差棒图

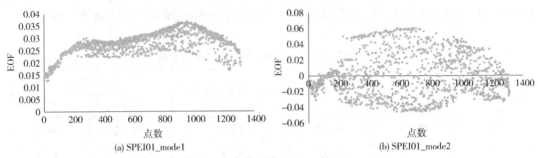

图 9.14 东北三省 SPEI01 的 EOF

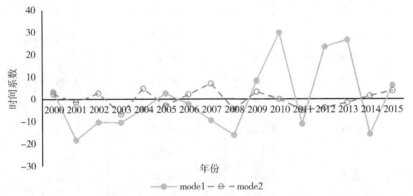

图 9.15 东北三省 SPEI01 的时间系数

（1）黑龙江省：从空间模态（表 9.3 和图 9.16、图 9.17）来看，前两个特征向量值的方差贡献率分别为 85.30% 和 7.81%，两者的累积贡献率已达 93.11%。选取通过了 95% 置信度的显著性检验的前两个特征向量来分析 SPEI01 的空间分布特征。模态 1 是空间分布的主要形态，取值均为正值，其呈同向分布模式，即表明了全区全年 SPEI01 分布的一致性特征，西部、中部比北部、东部更为显著；模态 2 是空间分布的典型形态，取值为正负值，其呈反向分布模式，即表明了全区全年 SPEI01 分布的差异性，西部与东部呈相反分布模式。从时间系数(图 9.18)来看，两个空间模态所对应的时间系数均随时间变化一直围绕 0 值呈波动变化状态，模态 1 的时间变化特征更显著，时间系数所反映的情形与特征向量的时空规律基本一致。

表 9.3　2000—2015 年黑龙江省 SPEI01 的 EOF 方法结果

模态	特征向量值	方差贡献率	累积方差贡献率	误差范围	
				上限	下限
1	115.84	85.30	85.30	163.80	67.88
2	10.61	7.81	93.11	15.01	6.22
3	5.98	4.40	97.51	8.45	3.50
4	1.48	1.09	98.60	2.09	0.86
5	0.69	0.51	99.11	0.98	0.40
6	0.35	0.25	99.36	0.49	0.20
7	0.26	0.19	99.55	0.36	0.15
8	0.15	0.11	99.66	0.21	0.09
9	0.12	0.09	99.75	0.16	0.07
10	0.09	0.07	99.81	0.13	0.05
11	0.08	0.06	99.87	0.11	0.05
12	0.05	0.04	99.91	0.08	0.03
13	0.05	0.03	99.95	0.06	0.03
14	0.04	0.03	99.98	0.06	0.02
15	0.03	0.02	100.00	0.05	0.02
16	0.00	0.00	100.00	0.00	0.00

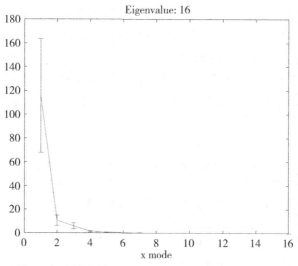

图 9.16　黑龙江省 SPEI01 的 EOF 方法结果误差棒图

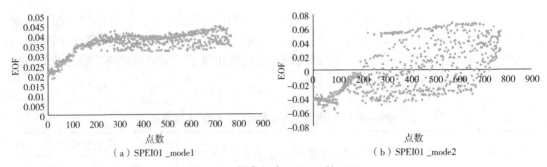

图 9.17　黑龙江省 SPEI01 的 EOF

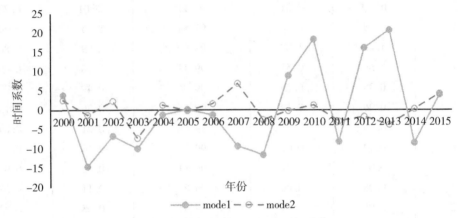

图 9.18　黑龙江省 SPEI01 的时间系数

（2）吉林省：从空间模态（表 9.4 和图 9.19、图 9.20）来看，前两个特征向量值的方差贡献率分别为 91.01% 和 6.88%，两者的累积贡献率已达 97.89%。选取通过了 95% 置信度的显著性检验的前两个特征向量来分析 SPEI01 的空间分布特征。模态 1 是空间分布的主要形态，取值均为负值，其呈同向分布模式，即表明了全区全年 SPEI01 分布的一致性特征，且西北比东南更为显著；模态 2 是空间分布的典型形态，取值为正负值，其呈反向分布模式，即表明了全区全年 SPEI01 分布的差异性，且西北与东南呈相反分布模式。从时间系数（图 9.21）来看，两个空间模态所对应时间系数均随时间变化一直围绕 0 值呈波动变化状态，模态 1 的时间变化特征更显著，时间系数所反映的情形与特征向量的时空规律基本一致。

表 9.4　　　　　　　　　2000—2015 年吉林省 SPEI01 的 EOF 方法结果

模态	特征向量值	方差贡献率	累积方差贡献率	误差范围	
				上限	下限
1	73.17	91.01	91.01	100.65	45.70
2	5.53	6.88	97.89	7.61	3.46

续表

模态	特征向量值	方差贡献率	累积方差贡献率	误差范围	
				上限	下限
3	1.11	1.38	99.27	1.52	0.69
4	0.23	0.29	99.56	0.32	0.15
5	0.11	0.14	99.70	0.15	0.07
6	0.08	0.10	99.79	0.11	0.05
7	0.05	0.06	99.85	0.06	0.03
8	0.03	0.04	99.89	0.05	0.02
9	0.02	0.03	99.92	0.03	0.01
10	0.02	0.03	99.95	0.03	0.01
11	0.01	0.02	99.96	0.02	0.01
12	0.01	0.01	99.98	0.01	0.01
13	0.01	0.01	99.98	0.01	0.00
14	0.01	0.01	99.99	0.01	0.00
15	0.01	0.01	100.00	0.01	0.00
16	0.00	0.00	100.00	0.00	0.00

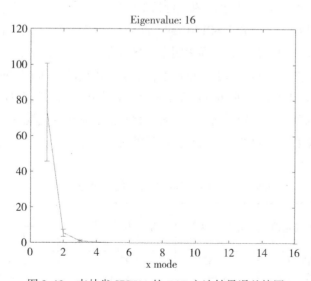

图 9.19 吉林省 SPEI01 的 EOF 方法结果误差棒图

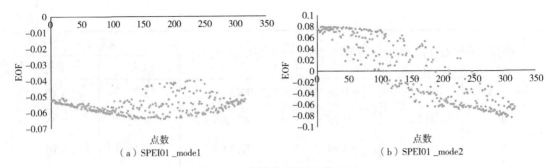

（a）SPEI01_mode1　　　　　　　　（b）SPEI01_mode2

图 9.20 吉林省 SPEI01 的 EOF

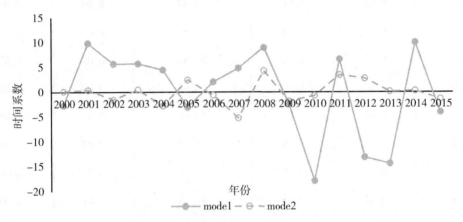

图 9.21 吉林省 SPEI01 的时间系数

（3）辽宁省：从空间模态（表 9.5 和图 9.22、图 9.23）来看，前两个特征向量值的方差贡献率分别为 93.35% 和 3.77%，两者的累积贡献率已达 97.13%。选取通过了 95% 置信度的显著性检验的前两个特征向量来分析 SPEI01 的空间分布特征。模态 1 是空间分布的主要形态，取值均为负值，其呈同向分布模式，即表明了全区全年 SPEI01 分布的一致性特征，东部比西部更为显著；模态 2 是空间分布的典型形态，取值为正负值，其呈反向分布模式，即表明了全区全年 SPEI01 的差异性，西部与东部呈相反分布模式。从时间系数（图 9.24）来看，两个空间模态所对应时间系数均随时间变化一直围绕 0 值呈波动变化状态，模态 1 的时间变化特征更显著，时间系数所反映的情形与特征向量的时空规律基本一致。

表 9.5　　　　　　　　　　　　 **2000—2015 年辽宁省 SPEI01 的 EOF 方法结果**

模态	特征向量值	方差贡献率	累积方差贡献率	误差范围	
				上限	下限
1	42.76	93.35	93.35	55.67	29.84
2	1.73	3.77	97.13	2.25	1.21
3	0.98	2.13	99.26	1.27	0.68

续表

模态	特征向量值	方差贡献率	累积方差贡献率	误差范围	
				上限	下限
4	0.16	0.36	99.62	0.21	0.11
5	0.07	0.15	99.77	0.09	0.05
6	0.03	0.06	99.83	0.04	0.02
7	0.02	0.05	99.88	0.03	0.02
8	0.02	0.03	99.91	0.02	0.01
9	0.01	0.03	99.94	0.02	0.01
10	0.01	0.02	99.96	0.01	0.01
11	0.01	0.01	99.97	0.01	0.00
12	0.01	0.01	99.98	0.01	0.00
13	0.00	0.01	99.99	0.00	0.00
14	0.00	0.01	100.00	0.00	0.00
15	0.00	0.00	100.00	0.00	0.00
16	0.00	0.00	100.00	0.00	0.00

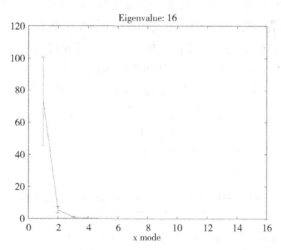

图 9.22　辽宁省 SPEI01 的 EOF 方法结果误差棒图

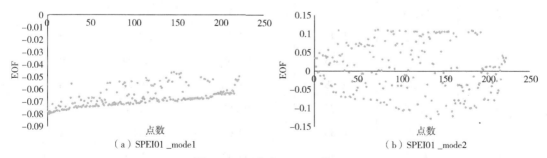

（a）SPEI01_mode1　　　　　　　　（b）SPEI01_mode2

图 9.23　辽宁省 SPEI01 的 EOF

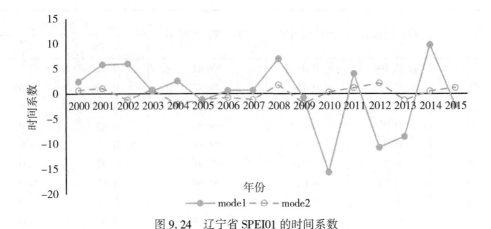

图 9.24　辽宁省 SPEI01 的时间系数

2. SPEI03 空间分布

基于 EOF 方法的结果，分析 2000—2015 年东北三省 SPEI03 空间分布。从空间模态（表 9.6 和图 9.25、图 9.26）来看，前两个特征向量值的方差贡献率分别为 80.43% 和 7.34%，两者的累积贡献率已达 87.77%。选取通过了 95% 置信度的显著性检验的前两个特征向量来分析 SPEI03 的空间分布特征：模态 1 是空间分布的主要形态，取值均为负值，其呈同向分布模式，即表明了全区全年 SPEI03 分布的一致性特征，西南比北部、东部更为显著；模态 2 是空间分布的典型形态，取值为正负值，其呈反向分布模式，即表明了全区全年 SPEI03 分布的差异性，且西部与东部呈相反分布模式。从时间系数（图 9.27）来看，两个空间模态所对应时间系数均随时间变化一直围绕 0 值呈波动变化状态，模态 1 的时间变化特征更显著，时间系数所反映的情形与特征向量的时空规律基本一致。

表 9.6　　　　　　　　2000—2015 年东北三省 SPEI03 的 EOF 方法结果

模态	特征向量值	方差贡献率	累积方差贡献率	误差范围	
				上限	下限
1	424.20	80.43	80.43	598.30	250.11
2	38.74	7.34	87.77	54.64	22.84
3	28.75	5.45	93.22	40.55	16.95
4	17.54	3.33	96.55	24.74	10.34
5	7.27	1.38	97.92	10.26	4.29
6	3.95	0.75	98.67	5.57	2.33
7	2.06	0.39	99.06	2.91	1.22
8	1.88	0.36	99.42	2.65	1.11

续表

模态	特征向量值	方差贡献率	累积方差贡献率	误差范围	
				上限	下限
9	1.14	0.22	99.64	1.61	0.68
10	0.66	0.12	99.76	0.93	0.39
11	0.44	0.08	99.85	0.62	0.26
12	0.28	0.05	99.90	0.40	0.17
13	0.24	0.05	99.95	0.34	0.14
14	0.17	0.03	99.98	0.25	0.10
15	0.11	0.02	100.00	0.16	0.07
16	0.00	0.00	100.00	0.00	0.00

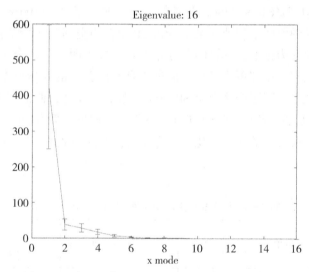

图 9.25 东北三省 SPEI03 的 EOF 方法结果误差棒图

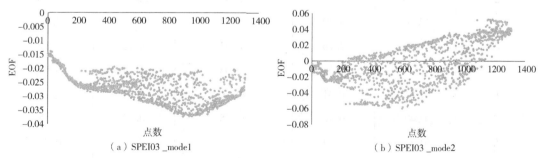

（a）SPEI03 _mode1　　　　（b）SPEI03 _mode2

图 9.26 东北三省 SPEI03 的 EOF

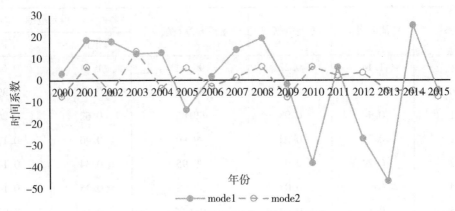

图 9.27 东北三省 SPEI03 的时间系数

(1)黑龙江省:从空间模态(表 9.7 和图 9.28、图 9.29)来看,前两个特征向量值的方差贡献率分别为 81.31%和 9.74%,两者的累积贡献率已达 91.06%。选取通过了 95%置信度的显著性检验的前两个特征向量来分析 SPEI03 的空间分布特征:模态 1 是空间分布的主要形态,取值均为正值,其呈同向分布模式,即表明了全区全年 SPEI03 分布的一致性特征,西部比北部、东部更为显著;模态 2 是空间分布的典型形态,取值为正负值,其呈反向分布模式,即表明了全区全年 SPEI03 分布的差异性,西部与东部呈相反分布模式。从时间系数(图 9.30)来看,两个空间模态所对应时间系数均随时间变化一直围绕 0 值呈波动变化状态,模态 1 的时间变化特征更显著,时间系数所反映的情形与特征向量的时空规律基本一致。

表 9.7 2000—2015 年黑龙江省 SPEI03 的 EOF 方法结果

模态	特征向量值	方差贡献率	累积方差贡献率	误差范围	
				上限	下限
1	213.95	81.31	81.31	302.40	125.50
2	25.64	9.74	91.06	36.24	15.04
3	13.91	5.29	96.34	19.66	8.16
4	5.74	2.18	98.53	8.12	3.37
5	1.46	0.55	99.08	2.06	0.86
6	0.81	0.31	99.39	1.14	0.47
7	0.42	0.16	99.55	0.60	0.25
8	0.36	0.14	99.68	0.51	0.21
9	0.23	0.09	99.77	0.32	0.13

续表

模态	特征向量值	方差贡献率	累积方差贡献率	误差范围	
				上限	下限
10	0.22	0.08	99.85	0.31	0.13
11	0.12	0.05	99.90	0.17	0.07
12	0.09	0.03	99.93	0.13	0.05
13	0.08	0.03	99.96	0.11	0.05
14	0.05	0.02	99.98	0.07	0.03
15	0.04	0.02	100.00	0.06	0.03
16	0.00	0.00	100.00	0.00	0.00

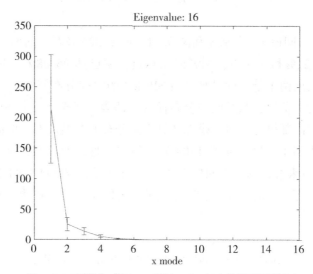

图 9.28 黑龙江省 SPEI03 的 EOF 方法结果误差棒图

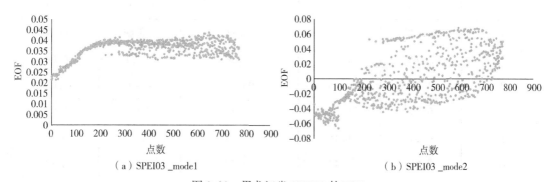

（a）SPEI03_mode1　　　　　　　　（b）SPEI03_mode2

图 9.29 黑龙江省 SPEI03 的 EOF

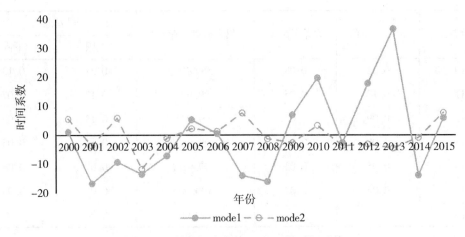

图 9.30　黑龙江省森林 SPEI03 的时间系数

（2）吉林省：从空间模态（表 9.8 和图 9.31、图 9.32）来看，前两个特征向量值的方差贡献率分别为 90.21% 和 6.67%，两者的累积贡献率已达 96.88%。选取通过了 95% 置信度的显著性检验的前两个特征向量来分析 SPEI03 的空间分布特征：模态 1 是空间分布的主要形态，取值均为负值，其呈同向分布模式，即表明了全区全年 SPEI03 分布的一致性特征，西北部比东南部更为显著；模态 2 是空间分布的典型形态，取值为正负值，其呈反向分布模式，即表明了全区全年 SPEI03 分布的差异性，西北与东南呈相反分布模式。从时间系数（图 9.33）来看，两个空间模态所对应的时间系数均随时间变化一直围绕 0 值呈波动变化状态，模态 1 的时间变化特征更显著，时间系数所反映的情形与特征向量的时空规律基本一致。

表 9.8　　　　　　　　　　2000—2015 年吉林省 SPEI03 的 EOF 方法结果

模态	特征向量值	方差贡献率	累积方差贡献率	误差范围	
				上限	下限
1	141.77	90.21	90.21	193.84	89.70
2	10.49	6.67	96.88	14.34	6.64
3	3.28	2.09	98.97	4.49	2.08
4	0.79	0.50	99.47	1.08	0.50
5	0.24	0.15	99.63	0.33	0.15
6	0.21	0.13	99.76	0.29	0.13
7	0.11	0.07	99.83	0.15	0.07
8	0.08	0.05	99.88	0.11	0.05

模态	特征向量值	方差贡献率	累积方差贡献率	误差范围	
				上限	下限
9	0.06	0.04	99.92	0.09	0.04
10	0.04	0.02	99.94	0.05	0.02
11	0.03	0.02	99.96	0.04	0.02
12	0.02	0.01	99.97	0.03	0.01
13	0.02	0.01	99.99	0.03	0.01
14	0.01	0.01	99.99	0.02	0.01
15	0.01	0.01	100.00	0.01	0.01
16	0.00	0.00	100.00	0.00	0.00

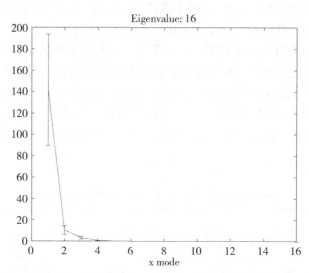

图 9.31 吉林省 SPEI03 的 EOF 方法结果误差棒图

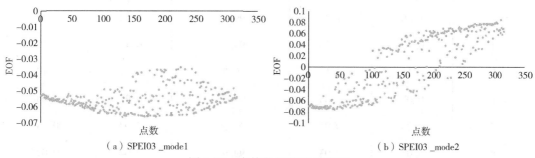

（a）SPEI03_mode1

（b）SPEI03_mode2

图 9.32 吉林省 SPEI03 的 EOF

117

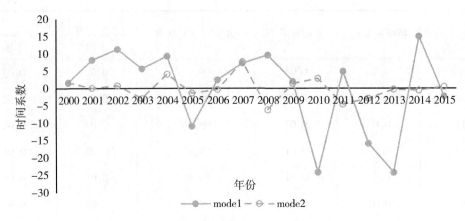

图 9.33 吉林省 SPEI03 的时间系数

（3）辽宁省：从空间模态（表 9.9 和图 9.34、图 9.35）来看，前两个特征向量值的方差贡献率分别为 94.07% 和 3.92%，两者的累积贡献率已达 97.99%。选取通过了 95% 置信度的显著性检验的前两个特征向量来分析 SPEI03 的空间分布特征：模态 1 是空间分布的主要形态，取值均为负值，其呈同向分布模式，即表明了全区全年 SPEI03 分布的一致性特征，东部比西部更为显著；模态 2 是空间分布的典型形态，取值为正负值，其呈反向分布模式，即表明了全区全年 SPEI03 分布的差异性，西北与东南呈相反分布模式。从时间系数（图 9.36）来看，两个空间模态所对应的时间系数均随时间变化一直围绕 0 值呈波动变化状态，模态 1 的时间变化特征更显著，时间系数所反映的情形与特征向量的时空规律基本一致。

表 9.9　　　　　　　　2000—2015 年辽宁省 SPEI03 的 EOF 方法结果

模态	特征向量值	方差贡献率	累积方差贡献率	误差范围	
				上限	下限
1	100.81	94.07	94.07	131.15	70.47
2	4.20	3.92	97.99	5.46	2.93
3	1.46	1.37	99.36	1.90	1.02
4	0.32	0.30	99.65	0.41	0.22
5	0.14	0.14	99.79	0.19	0.10
6	0.07	0.06	99.85	0.09	0.05
7	0.05	0.05	99.90	0.07	0.04
8	0.03	0.03	99.93	0.04	0.02

续表

模态	特征向量值	方差贡献率	累积方差贡献率	误差范围	
				上限	下限
9	0.02	0.02	99.95	0.03	0.02
10	0.02	0.02	99.97	0.03	0.01
11	0.01	0.01	99.98	0.02	0.01
12	0.01	0.01	99.99	0.01	0.01
13	0.01	0.00	99.99	0.01	0.00
14	0.00	0.00	100.00	0.01	0.00
15	0.00	0.00	100.00	0.00	0.00
16	0.00	0.00	100.00	0.00	0.00

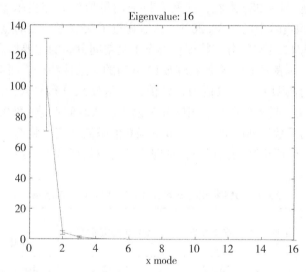

图 9.34 辽宁省 SPEI03 的 EOF 方法结果误差棒图

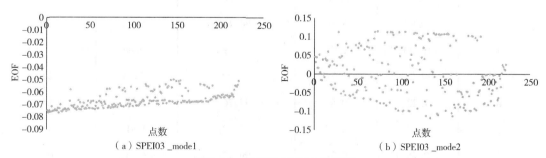

（a）SPEI03 _mode1

（b）SPEI03 _mode2

图 9.35 辽宁省 SPEI03 的 EOF

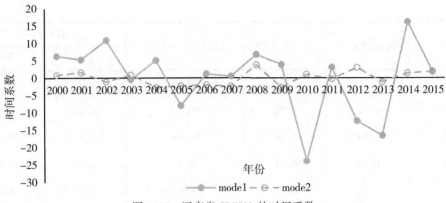

图 9.36 辽宁省 SPEI03 的时间系数

3. SPEI12 空间分布

基于 EOF 方法的结果,分析 2000—2015 年东北三省 SPEI12 空间分布。从空间模态(表 9.10 和图 9.37、图 9.38)来看,前两个特征向量值的方差贡献率分别为 76.72% 和 11.48%,两者的累积贡献率已达 88.20%。选取通过了 95% 置信度的显著性检验的前两个特征向量来分析 SPEI12 的空间分布特征:模态 1 是空间分布的主要形态,取值均为负值,其呈同向分布模式,即表明了全区全年 SPEI12 分布的一致性特征,西部比东部更为显著;模态 2 是空间分布的典型形态,取值为正负值,其呈反向分布模式,即表明了全区全年 SPEI12 分布的差异性,西南与东北呈相反分布模式。从时间系数(图 9.39)来看,两个空间模态所对应的时间系数均随时间变化一直围绕 0 值呈波动变化状态,模态 1 的时间变化特征更显著,时间系数所反映的情形与特征向量的时空规律基本一致。

表 9.10　　　　　　　　　2000—2015 年东北三省 SPEI12 的 EOF 方法结果

模态	特征向量值	方差贡献率	累积方差贡献率	误差范围	
				上限	下限
1	642.75	76.72	76.72	1006.51	278.99
2	96.15	11.48	88.20	150.56	41.73
3	50.08	5.98	94.17	78.42	21.74
4	16.90	2.02	96.19	26.46	7.33
5	14.32	1.71	97.90	22.43	6.22
6	7.22	0.86	98.76	11.31	3.13
7	3.07	0.37	99.13	4.81	1.33
8	2.45	0.29	99.42	3.84	1.06

续表

模态	特征向量值	方差贡献率	累积方差贡献率	误差范围	
				上限	下限
9	1.75	0.21	99.63	2.74	0.76
10	1.39	0.17	99.79	2.18	0.60
11	0.70	0.08	99.88	1.10	0.30
12	0.55	0.07	99.94	0.87	0.24
13	0.22	0.03	99.97	0.34	0.09
14	0.16	0.02	99.99	0.25	0.07
15	0.09	0.01	100.00	0.13	0.04
16	0.00	0.00	100.00	0.00	0.00

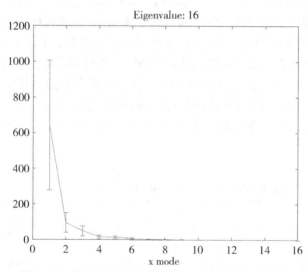

图 9.37 东北三省 SPEI12 的 EOF 方法结果误差棒图

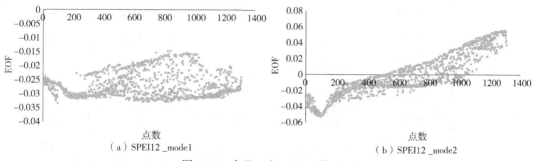

（a）SPEI12 _mode1

（b）SPEI12 _mode2

图 9.38 东北三省 SPEI12 的 EOF

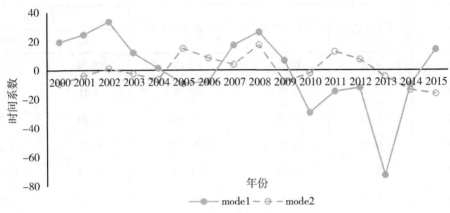

图 9.39 东北三省 SPEI12 的时间系数

(1)黑龙江省:从空间模态(表 9.11 和图 9.40、图 9.41)来看,前两个特征向量值的方差贡献率分别为 82.79% 和 8.30%,两者的累积贡献率已达 91.10%。选取通过了 95% 置信度的显著性检验的前两个特征向量来分析 SPEI12 的空间分布特征:模态 1 是空间分布的主要形态,取值均为负值,其呈同向分布模式,即表明了全区全年 SPEI12 分布的一致性特征,西北比东南更为显著;模态 2 是空间分布的典型形态,取值为正负值,其呈反向分布模式,即表明了全区全年 SPEI12 的差异性,西北与东南呈相反分布模式。从时间系数(图 9.42)来看,两个空间模态所对应的时间系数均随时间变化一直围绕 0 值呈波动变化状态,模态 1 的时间变化特征更显著,时间系数所反映的情形与特征向量的时空规律基本一致。

表 9.11   2000—2015 年黑龙江省 SPEI12 的 EOF 方法结果

模态	特征向量值	方差贡献率	累积方差贡献率	误差范围	
				上限	下限
1	389.14	82.79	82.79	606.07	172.20
2	39.03	8.30	91.10	60.79	17.27
3	21.35	4.54	95.64	33.26	9.45
4	12.74	2.71	98.35	19.84	5.64
5	3.90	0.83	99.18	6.07	1.73
6	1.33	0.28	99.46	2.07	0.59
7	0.89	0.19	99.65	1.39	0.40
8	0.59	0.12	99.78	0.91	0.26

续表

模态	特征向量值	方差贡献率	累积方差贡献率	误差范围	
				上限	下限
9	0.35	0.07	99.85	0.54	0.15
10	0.25	0.05	99.91	0.39	0.11
11	0.19	0.04	99.95	0.30	0.08
12	0.13	0.03	99.97	0.20	0.06
13	0.05	0.01	99.98	0.08	0.02
14	0.04	0.01	99.99	0.07	0.02
15	0.03	0.01	100.00	0.04	0.01
16	0.00	0.00	100.00	0.00	0.00

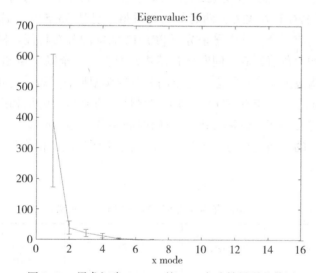

图 9.40 黑龙江省 SPEI12 的 EOF 方法结果误差棒图

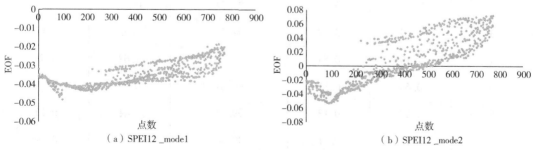

（a）SPEI12_mode1 （b）SPEI12_mode2

图 9.41 黑龙江省 SPEI12 的 EOF

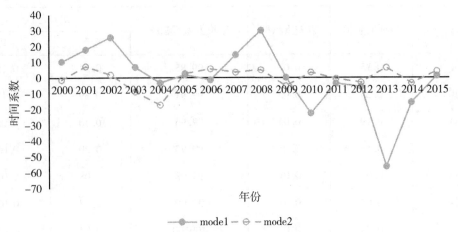

图 9.42 黑龙江省 SPEI12 的时间系数

(2)吉林省:从空间模态(表 9.12 和图 9.43、图 9.44)来看,前两个特征向量值的方差贡献率分别为 89.12%和 6.42%,两者的累积贡献率已达 95.54%。选取通过了 95%置信度的显著性检验的前两个特征向量来分析 SPEI12 的空间分布特征:模态 1 是空间分布的主要形态,取值均为负值,其呈同向分布模式,即表明了全区全年 SPEI12 分布的一致性特征,西北比东南更为显著;模态 2 是空间分布的典型形态,取值为正负值,其呈反向分布模式,即表明了全区全年 SPEI12 分布的差异性,西北与东南呈相反分布模式。从时间系数(图 9.45)来看,两个空间模态所对应的时间系数均随时间变化一直围绕 0 值呈波动变化状态,模态 1 的时间变化特征更显著,时间系数所反映的情形与特征向量的时空规律基本一致。

表 9.12   2000—2015 年吉林省 SPEI12 的 EOF 方法结果

模态	特征向量值	方差贡献率	累积方差贡献率	误差范围	
				上限	下限
1	181.10	89.12	89.12	275.70	86.51
2	13.05	6.42	95.54	19.87	6.23
3	6.53	3.22	98.76	9.95	3.12
4	1.10	0.54	99.30	1.68	0.53
5	0.63	0.31	99.61	0.95	0.30
6	0.27	0.13	99.74	0.41	0.13
7	0.23	0.11	99.86	0.36	0.11
8	0.10	0.05	99.91	0.16	0.05

续表

模态	特征向量值	方差贡献率	累积方差贡献率	误差范围	
				上限	下限
9	0.06	0.03	99.94	0.09	0.03
10	0.05	0.03	99.96	0.08	0.02
11	0.03	0.01	99.98	0.04	0.01
12	0.02	0.01	99.99	0.04	0.01
13	0.01	0.01	99.99	0.02	0.01
14	0.01	0.00	100.00	0.01	0.00
15	0.00	0.00	100.00	0.00	0.00
16	0.00	0.00	100.00	0.00	0.00

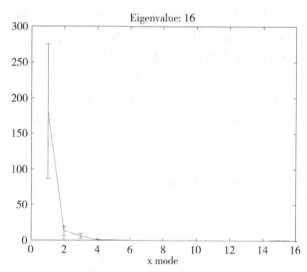

图 9.43 吉林省 SPEI12 的 EOF 方法结果误差棒图

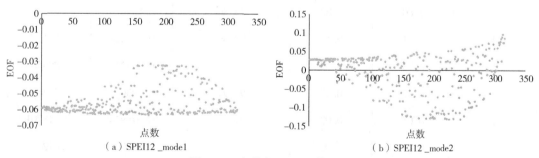

（a）SPEI12_mode1   （b）SPEI12_mode2

图 9.44 吉林省 SPEI12 的 EOF

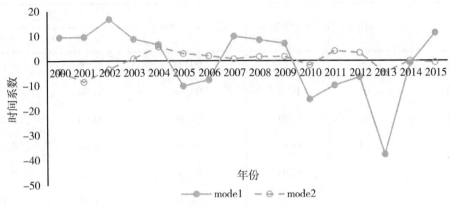

图 9.45　吉林省 SPEI12 的时间系数

（3）辽宁省：从空间模态（表 9.13 和图 9.46、图 9.47）来看，前两个特征向量特征值的方差贡献率分别为 95.60% 和 2.81%，两者的累积贡献率已达 98.40%。选取通过了 95% 置信度的显著性检验的前两个特征向量来分析 SPEI12 的空间分布特征：模态 1 是空间分布的主要形态，取值均为负值，其呈同向分布模式，即表明了全区全年 SPEI12 分布的一致性特征，东部比西部更为显著；模态 2 是空间分布的典型形态，取值为正负值，其呈反向分布模式，即表明了全区全年 SPEI12 分布的差异性，西部与东部呈相反分布模式。从时间系数（图 9.48）来看，两个空间模态所对应的时间系数均随时间变化一直围绕 0 值呈波动变化状态，模态 1 的时间变化特征更显著，时间系数所反映的情形与特征向量的时空规律基本一致。

表 9.13　　　　　　　　　　2000—2015 年辽宁省 SPEI12 的 EOF 方法结果

模态	特征向量值	方差贡献率	累积方差贡献率	误差范围	
				上限	下限
1	157.33	95.60	95.60	252.5119	62.15459
2	4.62	2.81	98.40	7.412165	1.824468
3	1.80	1.09	99.50	2.892054	0.711865
4	0.31	0.19	99.69	0.492028	0.12
5	0.24	0.15	99.83	0.388248	0.095565
6	0.12	0.07	99.91	0.193094	0.047529
7	0.05	0.03	99.93	0.075974	0.018701
8	0.03	0.02	99.95	0.051708	0.012728
9	0.03	0.02	99.97	0.041391	0.010188

模态	特征向量值	方差贡献率	累积方差贡献率	误差范围	
				上限	下限
10	0.02	0.01	99.98	0.030275	0.007452
11	0.01	0.01	99.99	0.018253	0.004493
12	0.01	0.01	99.99	0.013278	0.003268
13	0.01	0.00	100.00	0.011224	0.002763
14	0.00	0.00	100.00	0.004893	0.001204
15	0.00	0.00	100.00	0.002319	0.000571
16	0.00	0.00	100.00	4.3E-30	1.06E-30

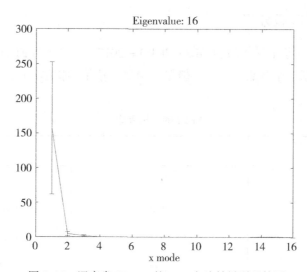

图 9.46 辽宁省 SPEI12 的 EOF 方法结果误差棒图

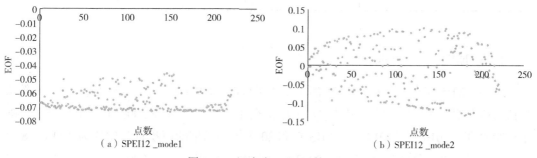

（a）SPEI12_mode1

（b）SPEI12_mode2

图 9.47 辽宁省 SPEI12 的 EOF

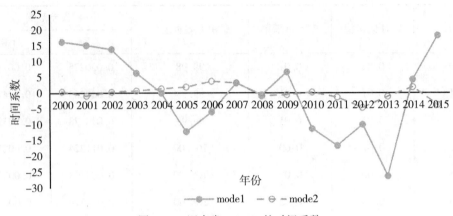

图 9.48　辽宁省 SPEI12 的时间系数

9.1.3　东北干旱等级分析

根据国家标准《气象干旱等级》(GB/T 20481—2017)，基于 SPEI 进行干旱等级分类，见表 9.14。主要包括 5 个等级：无旱、轻旱、中旱、重旱和特旱。

表 9.14　　　　　　　　　　　　　**SPEI 的干旱等级**

等级	类型	SPEI
1	无旱	-0.5<SPEI
2	轻旱	-1.0<SPEI≤-0.5
3	中旱	-1.5<SPEI≤-1.0
4	重旱	-2.0<SPEI≤-1.5
5	特旱	SPEI≤-2.0

1. SPEI01 干旱等级

2000—2015 年东北三省 SPEI01 的干旱等级情况(图 9.49)：在研究时间内，干旱等级包括两种类型：无旱和轻旱。其中，8 个年份全年无旱，分别为 2000 年、2005 年、2006 年、2009 年、2010 年、2012 年、2013 年和 2015 年，无旱的面积百分比约为 100%；8 个年份发生了轻旱，分别为 2001 年、2002 年、2003 年、2004 年、2007 年、2008 年、2011 年和 2014 年。2001 年、2008 年和 2014 年干旱尤为明显，轻旱的面积百分比分别为 56%、27%和 38%。

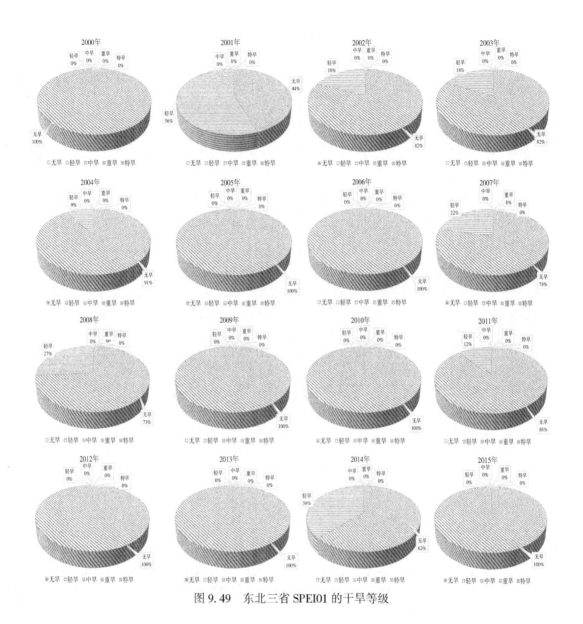

图 9.49 东北三省 SPEI01 的干旱等级

(1)2000—2015 年黑龙江省 SPEI01 的干旱等级情况(图 9.50):在研究时间内,干旱等级包括两种类型:无旱和轻旱。其中,10 个年份全年无旱,分别为 2000 年、2002 年、2005 年、2006 年、2009 年、2010 年、2011 年、2012 年、2013 年和 2015 年,无旱的面积百分比约为 100%;6 个年份发生了轻旱,分别为 2001 年、2003 年、2004 年、2007 年、2008 年和 2014 年。2001 年、2003 年和 2007 年干旱尤为明显,轻旱的面积百分比分别为 44%、28% 和 20%。

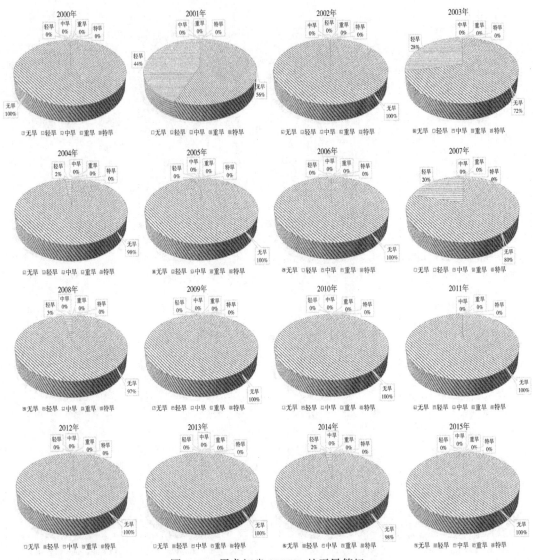

图 9.50　黑龙江省 SPEI01 的干旱等级

　　（2）2000—2015 年吉林省 SPEI01 的干旱等级情况（图 9.51）：在研究时间内，干旱等级包括两种类型：无旱和轻旱。其中，8 个年份全年无旱，分别为 2000 年、2005 年、2006 年、2009 年、2010 年、2012 年、2013 年和 2015 年，无旱的面积百分比约为 100%；8 个年份发生了轻旱，分别为 2001 年、2002 年、2003 年、2004 年、2007 年、2008 年、2011 年和 2014 年。2001 年、2007 年、2008 年、2011 年和 2014 年干旱尤为明显，轻旱的面积百分比分别为 86%、36%、51%、41% 和 82%。

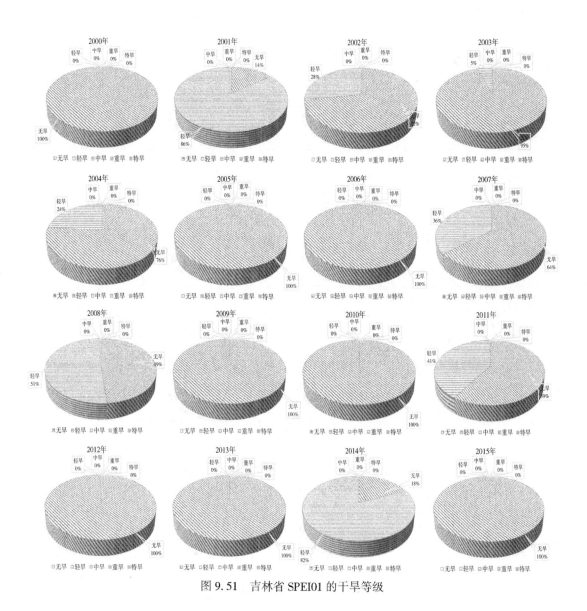

图 9.51 吉林省 SPEI01 的干旱等级

（3）2000—2015 年辽宁省 SPEI01 的干旱等级情况（图 9.52）：在研究时间内，干旱等级包括两种类型：无旱和轻旱。其中，9 个年份全年无旱，分别为 2000 年、2003 年、2005 年、2006 年、2009 年、2010 年、2012 年、2013 年和 2015 年，无旱的面积百分比约为 100%；7 个年份发生了轻旱，分别为 2001 年、2002 年、2004 年、2007 年、2008 年、2011 年和 2014 年。2001 年、2002 年、2008 年和 2014 年干旱尤为明显，轻旱的面积百分比分别为 56%、70%、74% 和 100%。

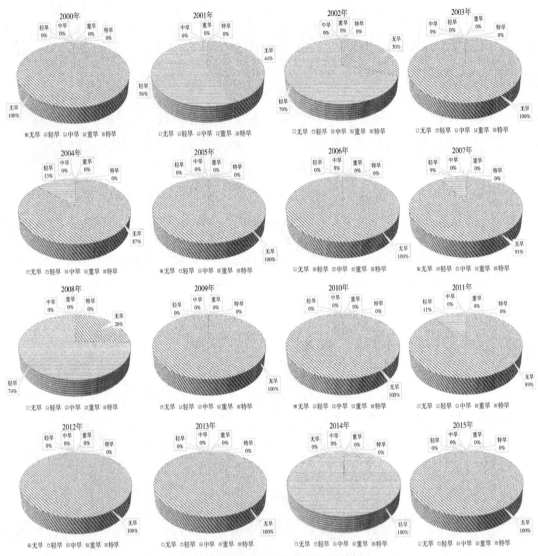

图 9.52　辽宁省 SPEI01 的干旱等级

2. SPEI03 干旱等级

2000—2015 年东北三省 SPEI03 的干旱等级情况见图 9.53。在研究时间内，干旱等级包括 3 种类型：无旱、轻旱和中旱。其中，3 个年份全年无旱，分别为 2010 年、2012 年和 2013 年，无旱的面积百分比约为 100%；13 个年份发生了轻旱，分别为 2000 年、2001 年、2002 年、2003 年、2004 年、2005 年、2006 年、2007 年、2008 年、2009 年、2011 年、2014 年和 2015 年。2001 年、2002 年、2003 年、2004 年、2007 年、2008 年和 2014 年干旱尤为明显，2001 年轻旱的面积百分比为 74%；2002 年轻旱和中旱的面积百分比分别为 43%和 13%；2003 年轻旱和中旱的面积百分比分别为 24%和 9%；2004 年轻旱和中旱的面积百分比分别为 31%和 8%；2007 年轻旱和中旱的面积百分比分别为 40%和 11%；2008 年轻旱和中旱的面积百分比分别为 71%和 7%；2014 年轻旱和中旱的面积百分比分别为 41%和 28%。

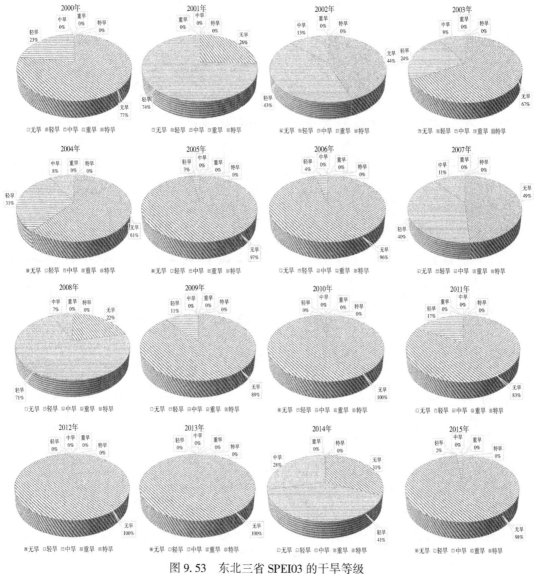

图 9.53 东北三省 SPEI03 的干旱等级

（1）2000—2015 年黑龙江省 SPEI03 的干旱等级情况（图 9.54）：在研究时间内，干旱等级包括 3 种类型：无旱、轻旱和中旱。其中，8 个年份全年无旱，分别为 2000 年、2006 年、2009 年、2010 年、2011 年、2012 年、2013 年和 2015 年，无旱的面积百分比约为 100%；8 个年份发生了干旱，分别为 2001 年、2002 年、2003 年、2005 年、2007 年、

2008 年和 2014 年。2001 年、2003 年、2007 年、2008 年和 2014 年干旱尤为明显。2001
年轻旱的面积百分比为 71%；2003 年轻旱和中旱的面积百分比分别为 26% 和 15%；2007
年轻旱和中旱的面积百分比分别为 53% 和 6%；2008 年轻旱的面积百分比为 80%；2014
年轻旱的面积百分比为 48%。

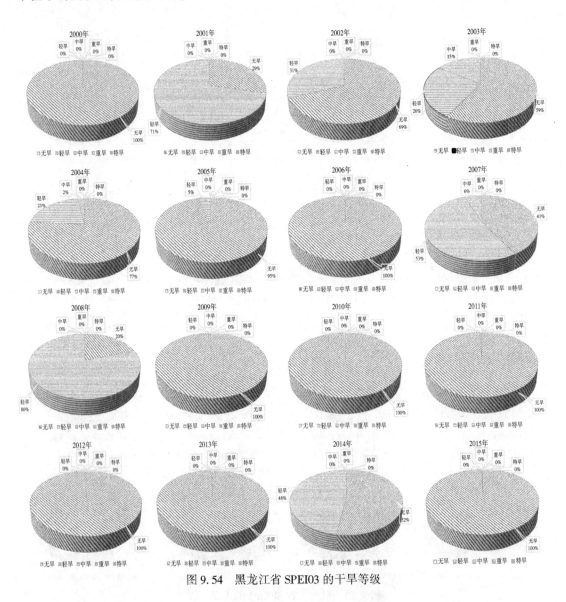

图 9.54 黑龙江省 SPEI03 的干旱等级

(2)2000—2015 年吉林省 SPEI03 的干旱等级情况(图 9.55)：在研究时间内，干旱等
级包括 3 种类型：无旱、轻旱和中旱。其中，6 个年份全年无旱，分别为 2005 年、2006
年、2010 年、2012 年、2013 年和 2015 年，无旱的面积百分比约为 100%；10 个年份发生
了干旱，分别为 2000 年、2001 年、2002 年、2003 年、2004 年、2007 年、2008 年、2009
年、2011 年和 2014 年。2001 年、2002 年、2004 年、2007 年、2008 年、2011 年和 2014

年干旱尤为明显。2001 年轻旱的面积百分比为 82%；2002 年轻旱和中旱的面积百分比分别为 59%和 26%；2004 年轻旱和中旱的面积百分比分别为 28%和 29%；2007 年轻旱和中旱的面积百分比分别为 21%和 31%；2008 年轻旱和中旱的面积百分比分别为 51%和 25%；2011 年轻旱的面积百分比为 50%；2014 年轻旱和中旱的面积百分比分别为 45%和 55%。

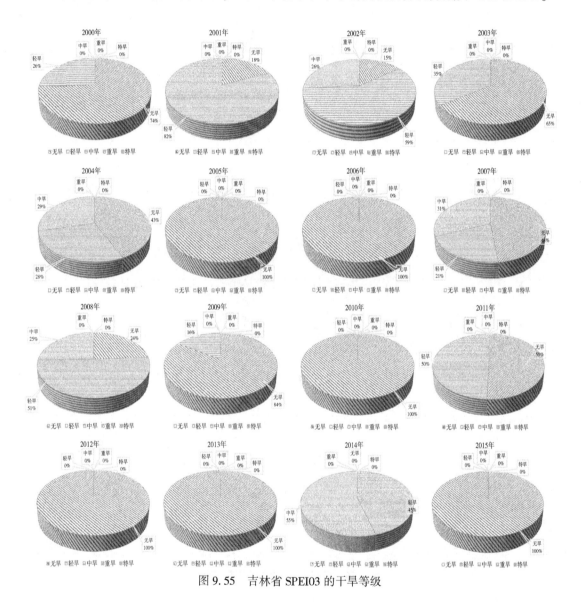

图 9.55　吉林省 SPEI03 的干旱等级

（3）2000—2015 年辽宁省 SPEI03 的干旱等级情况（图 9.56）：在研究时间内，干旱等级包括 4 种类型：无旱、轻旱、中旱和重旱。其中，4 个年份全年无旱，分别为 2005 年、2010 年、2012 年和 2013 年，无旱的面积百分比约为 100%；12 个年份发生了干旱，分别为 2000 年、2001 年、2002 年、2003 年、2004 年、2006 年、2007 年、2008 年、2009 年、2011 年、2014 年和 2015 年。2000 年、2001 年、2002 年、2004 年、2008 年、2009 年和

2014年干旱尤为明显。2000年轻旱的面积百分比为99%；2001年轻旱的面积百分比为75%；2002年轻旱和中旱的面积百分比分别为58%和42%；2004年轻旱的面积百分比为69%；2008年轻旱和中旱的面积百分比分别为70%和7%；2009年轻旱和中旱的面积百分比分别为43%和1%；2014年轻旱、中旱和重旱的面积百分比分别为8%、90%和2%。

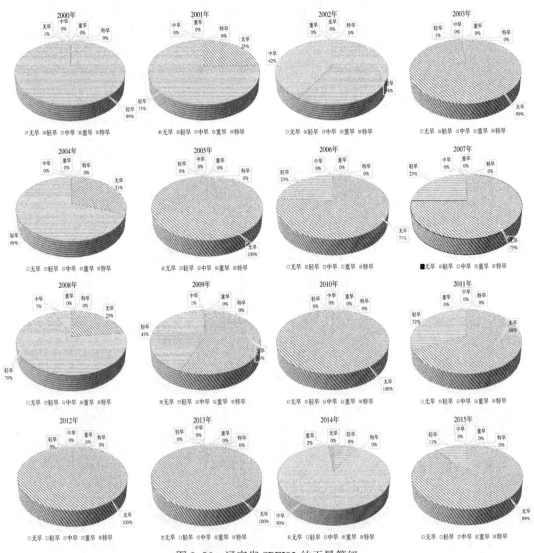

图9.56 辽宁省SPEI03的干旱等级

3. SPEI12干旱等级

2000—2015年东北三省SPEI12的干旱等级情况见图9.57。在研究时间内，干旱等级包括5种类型：无旱、轻旱、中旱、重旱和特旱。其中，两个年份全年无旱，分别为2010年和2013年，无旱的面积百分比约为100%；14个年份发生了干旱，分别为2000

年、2001 年、2002 年、2003 年、2004 年、2005 年、2006 年、2007 年、2008 年、2009 年、2011 年、2012 年、2014 年和 2015 年。2000 年、2001 年、2002 年、2007 年、2008 年和 2015 年发生干旱尤为明显。2000 年轻旱、中旱和重旱的面积百分比分别为 28%、28% 和 18%；2001 年轻旱、中旱和重旱的面积百分比分别为 19%、31% 和 29%；2002 年轻旱、中旱、重旱和特旱的面积百分比分别为 14%、50%、28% 和 3%；2007 年轻旱、中旱、重旱和特旱的面积百分比分别为 34%、43% 和 1%；2008 年轻旱、中旱和重旱的面积百分比分别为 30%、26% 和 30%；2015 年轻旱、中旱、重旱和特旱的面积百分比分别为 29%、19%、13% 和 3%。

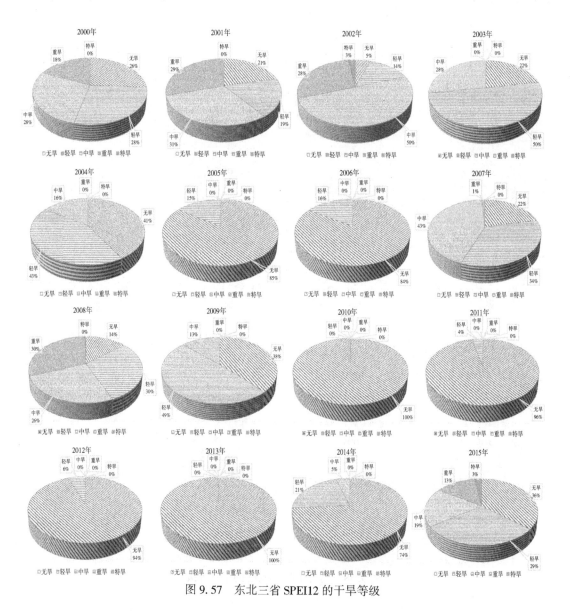

图 9.57 东北三省 SPEI12 的干旱等级

（1）2000—2015年黑龙江省SPEI12的干旱等级情况（图9.58）：在研究时间内，干旱等级包括5种类型：无旱、轻旱、中旱、重旱和特旱。其中，两个年份全年无旱，分别为2010年和2013年，无旱的面积百分比约为100%；14个年份发生了干旱，分别为2000年、2001年、2002年、2003年、2004年、2005年、2006年、2007年、2008年、2009年、2011年、2012年、2014年和2015年。2001年、2002年和2008年发生干旱尤为明显，2001年轻旱、中旱和重旱的面积百分比分别为25%、29%和19%；2002年轻旱、中旱和重旱的面积百分比分别为20%、55%和20%；2008年轻旱、中旱、重旱和特旱的面积百分比分别为17%、26%、51%和1%。

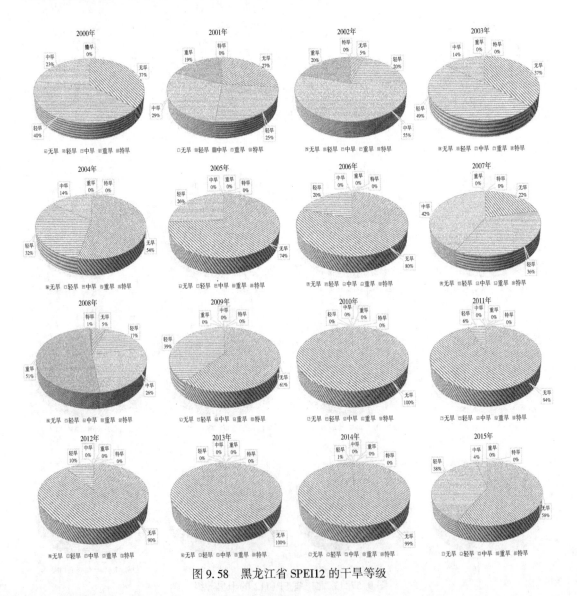

图9.58 黑龙江省SPEI12的干旱等级

（2）2000—2015年吉林省SPEI12的干旱等级情况（图9.59）：在研究时间内，干旱等级包括 5 种类型：无旱、轻旱、中旱、重旱和特旱。其中，4 个年份全年无旱，分别为 2005 年、2006 年、2012 年和 2013 年，无旱的面积百分比约为 100%；12 个年份发生了干旱，分别为 2000 年、2001 年、2002 年、2003 年、2004 年、2007 年、2008 年、2009 年、2010 年、2011 年、2014 年和 2015 年。2000 年、2001 年、2002 年、2007 年和 2015 年发生干旱尤为明显，2000 年轻旱、中旱和重旱的面积百分比分别为 17%、60% 和 6%；2001 年轻旱、中旱和重旱的面积百分比分别为 16%、34% 和 29%；2002 年轻旱、中旱、重旱和特旱的面积百分比分别为 11%、24%、46% 和 10%；2007 年轻旱、中旱、重旱的面积百分比分别为 36%、48% 和 5%；2015 年轻旱、中旱和重旱的面积百分比分别为 27%、50% 和 17%。

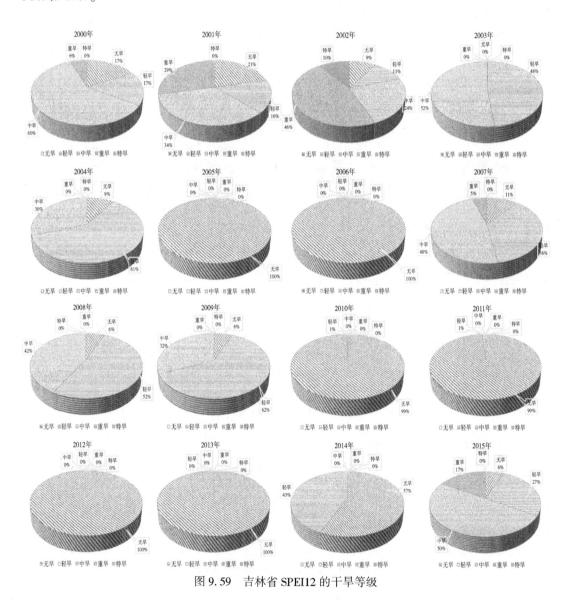

图 9.59　吉林省 SPEI12 的干旱等级

（3）2000—2015年辽宁省SPEI12的干旱等级情况（图9.60）：在研究时间内，干旱等级包括5种类型：无旱、轻旱、中旱、重旱和特旱。其中，5个年份全年无旱，分别为2005年、2010年、2011年、2012年和2013年，无旱的面积百分比约为100%；11个年份发生了干旱，分别为2000年、2001年、2002年、2003年、2004年、2006年、2007年、2008年、2009年、2014年和2015年。2000年、2001年、2002年和2015年发生干旱尤为明显。2000年中旱和重旱的面积百分比分别为2%和98%；2001年中旱和重旱的面积百分比分别为31%和69%；2002年中旱和重旱的面积百分比分别为69%和31%；2015年轻旱、中旱、重旱和特旱的面积百分比分别为1%、29%、56%和14%。

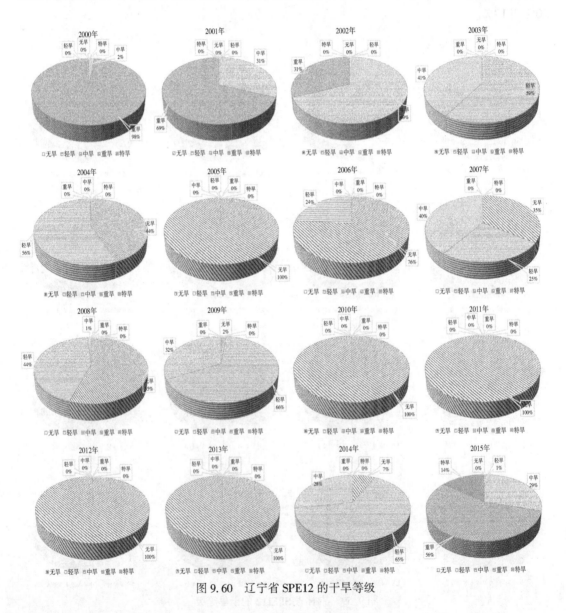

图9.60　辽宁省SPE12的干旱等级

9.2 基于 NEP 的东北森林碳源/汇时空分析

9.2.1 东北森林碳源/汇的时间变化

从 M-K 检验方法的结果来看，2000—2015 年东北三省 NEP 年际变化见图 9.61。在研究时间内，UF 曲线变化呈波动下降的趋势，反映了 NEP 的动态变化总体上呈逐年递减的变化趋势。其中，2005 年和 2007 年是发生 NEP 变化的时间突变点。由于 UF 曲线通过 95% 置信度的显著性检验，表明了 NEP 下降趋势显著，即东北三省森林碳汇的功能有所减弱。

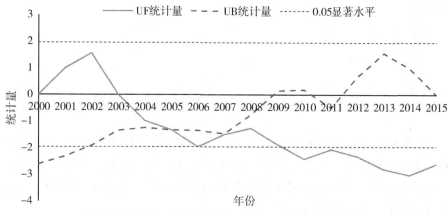

图 9.61　2000—2015 年东北三省 NEP 的 M-K 检验曲线

（1）黑龙江省 NEP 年际变化（图 9.62）：在研究时间内，UF 曲线变化呈波动下降的趋势，反映了 NEP 的动态变化总体上呈逐年递减的变化趋势。其中，2006 年和 2007 年是发生 NEP 变化的时间突变点。由于 UF 曲线通过 95% 置信度的显著性检验，表明了 NEP 下降趋势显著，即黑龙江省森林碳汇的功能有所减弱。

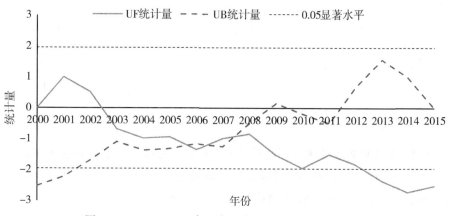

图 9.62　2000—2015 年黑龙江省 NEP 的 M-K 检验曲线

（2）吉林省 NEP 年际变化（图 9.63）：在研究时间内，UF 曲线变化呈波动下降的趋势，反映了 NEP 的动态变化总体上呈逐年递减的变化趋势。其中，2005 年是发生 NEP 变化的时间突变点。由于 UF 曲线通过 95% 置信度的显著性检验，表明了 NEP 下降趋势显著，即吉林省森林碳汇的功能有所减弱。

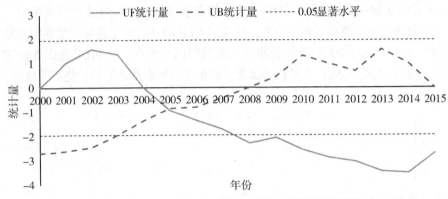

图 9.63　2000—2015 年吉林省 NEP 的 M-K 检验曲线

（3）辽宁省 NEP 年际变化（图 9.64）：在研究时间内，UF 曲线变化呈波动下降的趋势，反映了 NEP 的动态变化总体上呈逐年递减的变化趋势。其中，2004 年是 NEP 变化的时间突变点。由于 UF 曲线通过 95% 置信度的显著性检验，表明了 NEP 下降趋势显著，即辽宁省森林碳汇的功能有所减弱。

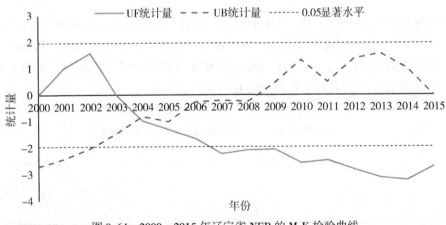

图 9.64　2000—2015 年辽宁省 NEP 的 M-K 检验曲线

综上所述，从 UF 曲线的线性拟合模型（表 9.15）来看，2000—2015 年东北三省森林 NEP 呈明显逐年递减的总趋势，即其森林碳汇的功能有所减弱。线性模型的拟合优度 R^2 值由大到小的关系为：黑龙江省>吉林省>辽宁省>东北三省。

表 9.15   **NEP 的 M-K 检验曲线的线性拟合**

研究区	线性拟合模型	R^2
东北三省	$y=-0.2541x+0.8159$	0.7982
黑龙江省	$y=-0.2019x+0.5502$	0.8470
吉林省	$y=-0.3309x+1.3997$	0.8409
辽宁省	$y=-0.2793x+0.8345$	0.8175

9.2.2 东北森林碳源/汇的空间分布

基于 EOF 方法的结果，分析 2000—2015 年东北三省 NEP 空间分布。从空间模态(表 9.16 和图 9.65、图 9.66)来看，前两个特征向量特征值的方差贡献率分别为 48.37% 和 15.04%，两者的累积贡献率已达 63.40%。选取通过了 95% 置信度的显著性检验的前两个特征向量来分析空间分布特征：模态 1 是空间分布的主要形态，取值为正负值，其呈现以同向分布模式为主，个别位置出现反向分布模式，即表明了全区全年 NEP 分布的基本一致性特征，中部比北部、南部更为显著；模态 2 是空间分布的典型形态，取值为正负值，呈反向分布模式，即表明了全区全年 NEP 分布的差异性，西北、西南与中部呈相反分布模式。从时间系数(图 9.67)来看，两个空间模态所对应时间系数均随时间变化一直围绕 0 值呈波动变化状态，模态 1 比模态 2 的时间变化特征更显著，时间系数所反映的与特征向量的时空规律基本一致。

表 9.16   **2000—2015 年东北三省森林 NEP 的 EOF 方法结果**

模态	特征向量值	方差贡献率	累积方差贡献率	误差范围	
				上限	下限
1	4328017.49	48.37	48.37	6754274.18	1901760.81
2	1345797.03	15.04	63.40	2100241.54	591352.52
3	797402.46	8.91	72.32	1244420.77	350384.15
4	698998.05	7.81	80.13	1090851.53	307144.58
5	373128.32	4.17	84.30	582301.48	163955.16
6	271184.04	3.03	87.33	423207.94	119160.14
7	233127.03	2.61	89.93	363816.43	102437.63
8	216878.77	2.42	92.36	338459.51	95298.03
9	180650.28	2.02	94.37	281921.58	79378.98

续表

模态	特征向量值	方差贡献率	累积方差贡献率	误差范围	
				上限	下限
10	133956.18	1.50	95.87	209051.09	58861.27
11	103305.08	1.15	97.03	161217.19	45392.97
12	94778.79	1.06	98.09	147911.12	41646.45
13	73330.87	0.82	98.90	114439.65	32222.09
14	63628.38	0.71	99.62	99298.01	27958.75
15	34387.29	0.38	100.00	53664.57	15110.02
16	0.00	0.00	100.00	0.00	0.00

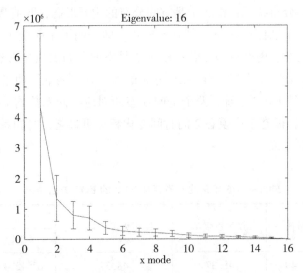

图 9.65　东北三省森林 NEP 的 EOF 方法结果误差棒图

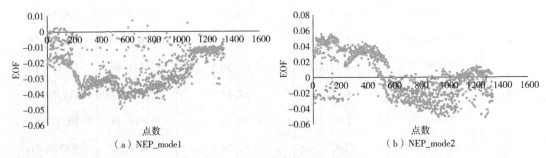

图 9.66　东北三省森林 NEP 的 EOF

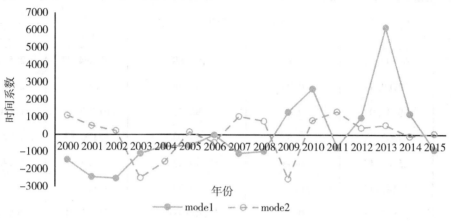

图 9.67　东北三省森林 NEP 的时间系数

（1）黑龙江省：从空间模态（表 9.17 和图 9.68、图 9.69）来看，前两个特征向量特征值的方差贡献率分别为 55.94% 和 16.45%，两者的累积贡献率已达 72.38%。选取通过了 95% 置信度的显著性检验的前两个特征向量来分析 NEP 空间分布特征：模态 1 是空间分布的主要形态，取值为正负值，其呈以同向分布模式为主，个别位置出现反向分布模式，即表明了全区全年 NEP 分布的基本一致性特征，中部、南部比西北更为显著；模态 2 是空间分布的典型形态，取值为正负值，其呈反向分布模式，即表明了全区全年 NEP 分布的差异性，西北与东南呈相反分布模式。从时间系数（图 9.70）来看，两个空间模态所对应时间系数均随时间变化一直围绕 0 值呈波动变化状态，模态 1 比模态 2 的时间变化特征更显著，时间系数所反映的与特征向量的时空规律基本一致。

表 9.17　　　　　　　　　　2000—2015 年黑龙江省 NEP 的 EOF 方法结果

模态	特征向量值	方差贡献率	累积方差贡献率	误差范围	
				上限	下限
1	3268986.42	55.94	55.94	5112413.36	1425559.49
2	961142.62	16.45	72.38	1503144.32	419140.92
3	493132.91	8.44	80.82	771217.42	215048.40
4	330052.62	5.65	86.47	516173.89	143931.36
5	197774.12	3.38	89.85	309301.70	86246.54
6	145275.05	2.49	92.34	227197.68	63352.43
7	120709.00	2.07	94.40	188778.49	52639.52
8	79096.83	1.35	95.76	123700.63	34493.02

续表

模态	特征向量值	方差贡献率	累积方差贡献率	误差范围	
				上限	下限
9	65409.12	1.12	96.88	102294.23	28524.01
10	52789.43	0.90	97.78	82558.13	23020.74
11	39236.05	0.67	98.45	61361.81	17110.30
12	34002.43	0.58	99.03	53176.87	14827.99
13	25787.47	0.44	99.47	40329.38	11245.55
14	17142.89	0.29	99.77	26810.01	7475.78
15	13545.45	0.23	100.00	21183.91	5906.98
16	0.00	0.00	100.00	0.00	0.00

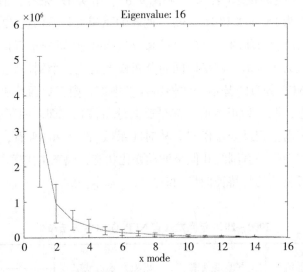

图 9.68　黑龙江省 NEP 的 EOF 方法结果误差棒图

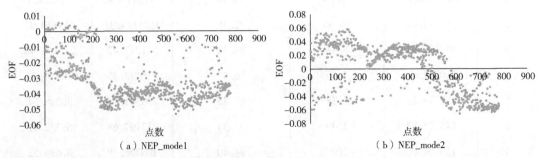

图 9.69　黑龙江省 NEP 的 EOF

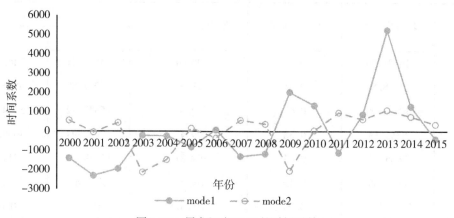

图 9.70 黑龙江省 NEP 的时间系数

(2)吉林省：从空间模态(表 9.18 和图 9.71、图 9.72)来看，前两个特征向量特征值的方差贡献率分别为 60.28% 和 12.80%，两者的累积贡献率已达 73.09%。选取通过了 95% 置信度的显著性检验的前两个特征向量来分析 NEP 空间分布特征：模态 1 是空间分布的主要形态，取值为正负值，其呈反向分布模式，表明了全区全年 NEP 分布的差异性，西部与东部呈相反分布模式，且东部比西部更为显著；模态 2 是空间分布的典型形态，取值为正负值，其呈反向分布模式，表明了全区全年 NEP 分布的差异性，西部与东部呈相反分布模式。从时间系数(图 9.73)来看，两个空间模态所对应时间系数均随时间变化一直围绕 0 值呈波动变化状态，模态 1 比模态 2 的时间变化特征更显著，时间系数所反映的与特征向量的时空规律基本一致。

表 9.18 2000—2015 年吉林省 NEP 的 EOF 方法结果

模态	特征向量值	方差贡献率	累积方差贡献率	误差范围	
				上限	下限
1	1344128.43	60.28	60.28	2039140.66	649116.19
2	285424.92	12.80	73.09	433010.38	137839.46
3	210896.72	9.46	82.55	319945.68	101847.76
4	107349.12	4.81	87.36	162856.43	51841.81
5	70401.79	3.16	90.52	106804.64	33998.94
6	65582.51	2.94	93.46	99493.45	31671.58
7	36204.82	1.62	95.08	54925.35	17484.29
8	28914.67	1.30	96.38	43865.67	13963.68
9	20894.91	0.94	97.32	31699.11	10090.72

模态	特征向量值	方差贡献率	累积方差贡献率	误差范围	
				上限	下限
10	15496.56	0.70	98.01	23509.41	7483.71
11	13658.87	0.61	98.62	20721.50	6596.24
12	10444.99	0.47	99.09	15845.82	5044.17
13	8385.19	0.38	99.47	12720.94	4049.44
14	7685.53	0.34	99.81	11659.50	3711.55
15	4155.66	0.19	100.00	6304.44	2006.88
16	0.00	0.00	100.00	0.00	0.00

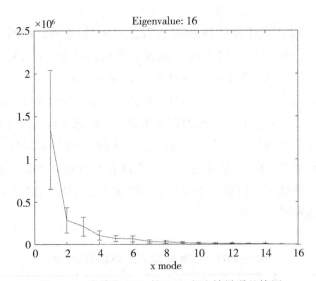

图9.71 吉林省 NEP 的 EOF 方法结果误差棒图

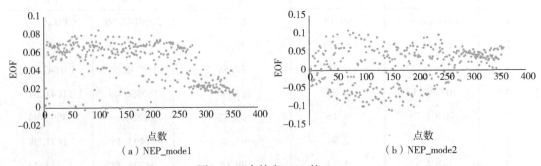

（a）NEP_mode1   （b）NEP_mode2

图9.72 吉林省 NEP 的 EOF

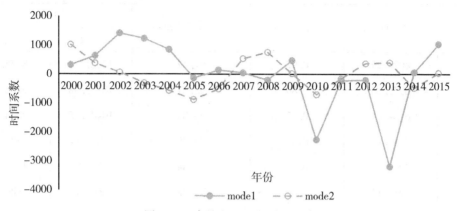

图 9.73 吉林省 NEP 的时间系数

(3)辽宁省:从空间模态(表 9.19 和图 9.74、图 9.75)来看,前两个特征向量特征值的方差贡献率分别为 43.80% 和 30.55%,两者的累积贡献率已达 74.35%。选取通过了 95% 置信度的显著性检验的前两个特征向量来分析 NEP 空间分布特征:模态 1 是空间分布的主要形态,取值为正负值,其呈现以同向分布模式为主,个别位置出现反向分布模式,即表明了全区全年 NEP 分布的基本一致性特征,西部比东部更为显著;模态 2 是空间分布的典型形态,取值为正负值,其呈反向分布模式,即表明了全区全年 NEP 分布的差异性,西部与东部呈相反分布模式。从时间系数(图 9.76)来看,两个空间模态所对应时间系数均随时间变化一直围绕 0 值呈波动变化状态,模态 1 比模态 2 的时间变化特征更显著,时间系数所反映的与特征向量的时空规律基本一致。

表 9.19   2000—2015 年辽宁省 NEP 的 EOF 方法结果

模态	特征向量值	方差贡献率	累积方差贡献率	误差范围	
				上限	下限
1	383156.82	43.80	43.80	592827.52	173486.13
2	267271.29	30.55	74.35	413527.22	121015.36
3	70048.30	8.01	82.35	108380.06	31716.54
4	32486.62	3.71	86.07	50263.91	14709.32
5	28414.27	3.25	89.31	43963.10	12865.44
6	21451.22	2.45	91.77	33189.74	9712.71
7	16186.78	1.85	93.62	25044.49	7329.07
8	14370.16	1.64	95.26	22233.79	6506.54
9	11314.81	1.29	96.55	17506.49	5123.13

续表

模态	特征向量值	方差贡献率	累积方差贡献率	误差范围	
				上限	下限
10	8028.29	0.92	97.47	12421.52	3635.06
11	6971.20	0.80	98.27	10785.98	3156.43
12	6724.81	0.77	99.04	10404.75	3044.87
13	3946.14	0.45	99.49	6105.55	1786.74
14	3060.10	0.35	99.84	4734.65	1385.56
15	1432.13	0.16	100.00	2215.81	648.44
16	0.00	0.00	100.00	0.00	0.00

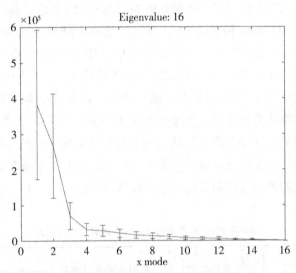

图 9.74　辽宁省 NEP 的 EOF 方法结果误差棒图

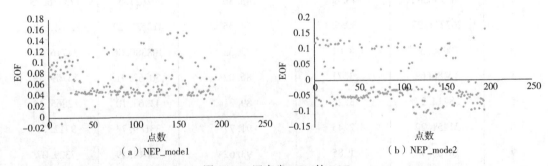

（a）NEP_mode1　　　　　　　　（b）NEP_mode2

图 9.75　辽宁省 NEP 的 EOF

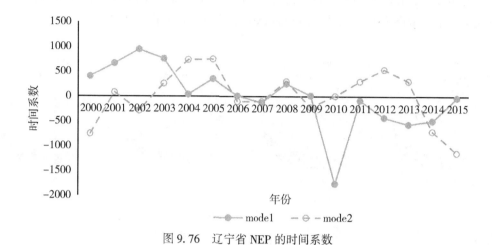

图 9.76　辽宁省 NEP 的时间系数

9.2.3　东北森林碳源/汇的功能分析

NEP 表征了森林生态系统与大气间的净碳通量的变化速率，它直接定量地描述了森林生态系统的碳源/汇功能。当 NEP>0 时，表明森林生态系统是大气 CO_2 的汇；当 NEP = 0 时，表明森林生态系统的 CO_2 排放和吸收达到平衡状态；当 NEP<0 时，表明森林生态系统是大气 CO_2 的源。

在研究时间内，除了 2010 年和 2013 年外，NEP 均为正值，是大气 CO_2 的汇，即森林碳汇，总体上呈逐步缓慢下降趋势。由于东北森林正处于较稳定的顶极群落生态系统状态，森林生态系统的固碳能力相对稳定，在气候变化和扰动因素存在的情况下，会引起个别年份出现较大波动，森林生态系统中储存的 CO_2 会重新释放到大气中，会降低 NEP 值。另外，东北森林 NEP 年际变化主要由干旱程度所决定，年均气温和年均降水量在一定程度上可解释 NEP 的变化规律，即随时间的变化规律受到温度和降水量的控制，温度升高、降雨量减少造成干旱，也会降低 NEP 值。

在生长季开始和结束时，GPP 值很低，近似为 0 值，而此时生态系统总呼吸消耗大于 GPP，导致 NEP 为负值，即森林碳源；但随着生长季总光合作用固定碳能力的不断增加，不仅能满足总呼吸消耗，而且还可以固定剩余的碳，NEP 变为正值，即森林碳汇。由此可见，东北森林生态系统呈现动态变化，NEP 与气候变化和扰动因素以及自身森林生长状况相关，生长季和非生长季之间存在较大波动。此外，增加植树造林面积，会增强森林吸碳放氧的功能，从而提高 NEP 值。

2000—2015 年东北三省森林碳源/汇的情况见图 9.77。在研究时间内，包括森林碳源和森林碳汇的两种功能，5 个年份森林碳源的作用明显，分别为 2009 年、2010 年、2012 年、2013 年和 2014 年，而其他 11 个年份森林碳汇的作用明显。其中，2001 年和 2002 年森林碳汇作用尤为明显，森林碳汇的面积百分比均为 99%；2010 年和 2013 年森林碳源的作用尤为明显，森林碳源的面积百分比分别为 64% 和 78%；2014 年森林碳源和森林碳汇基本达到整个区域碳平衡，森林碳源和森林碳汇的面积百分比均为 50%。

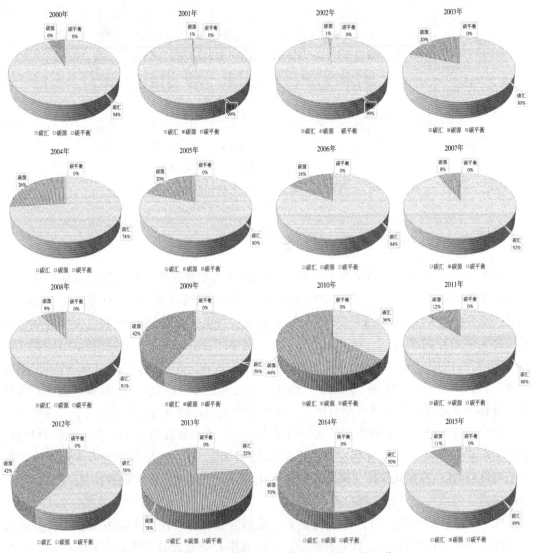

图 9.77　2000—2015 年东北森林碳源/汇的面积百分比

（1）2000—2015 年黑龙江省森林碳源/汇的情况（图 9.78）：在研究时间内，包括森林碳源和森林碳汇的两种功能，5 个年份森林碳源的作用明显，分别为 2009 年、2010 年、2012 年、2013 年和 2014 年，而其他 11 个年份森林碳汇的作用明显。其中，2000 年、2001 年、2002 年和 2007 年森林碳汇的作用尤为明显，森林碳汇的面积百分比分别为 98%、100%、98% 和 97%；2009 年、2013 年和 2014 年森林碳源的作用尤为明显，森林碳源的面积百分比分别为 67%、87% 和 70%。

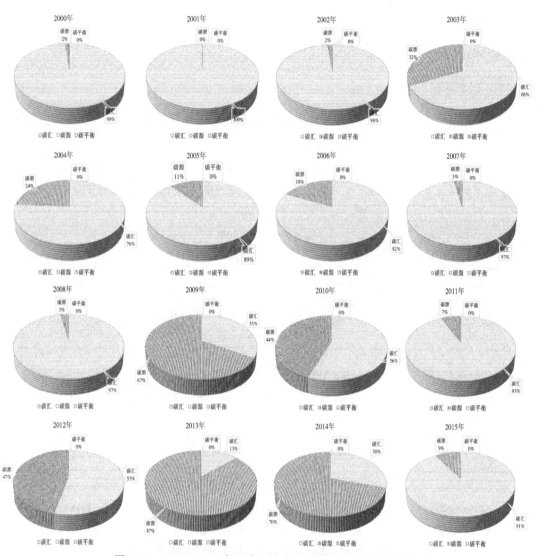

图 9.78 2000—2015 年黑龙江省森林碳源/汇的面积百分比

（2）2000—2015 年吉林省森林碳源/汇的情况（图 9.79）：在研究时间内，包括森林碳源和森林碳汇的两种功能，3 个年份森林碳源的作用明显，分别为 2005 年、2010 年和 2013 年，而其他 13 个年份森林碳汇的作用明显。其中，2001 年、2002 年和 2003 年森林碳汇作用尤为明显，森林碳汇的面积百分比分别为 98%、100% 和 98%；2010 年和 2013 年森林碳源的作用尤为明显，森林碳源的面积百分比分别为 91% 和 78%。

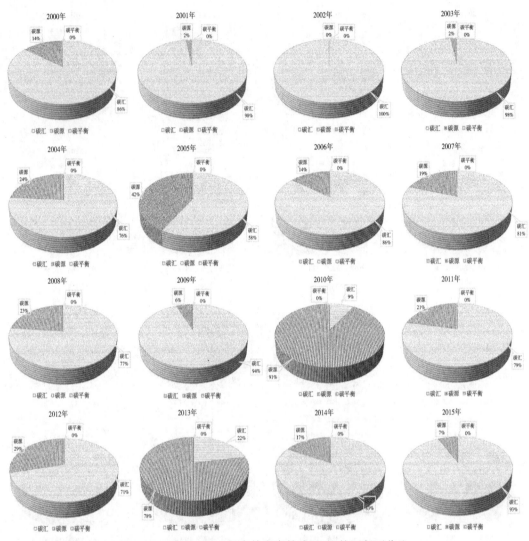

图 9.79   2000—2015 年吉林省森林碳源/汇的面积百分比

（3）2000—2015 年辽宁省森林碳源/汇的情况（图 9.80）：在研究时间内，包括森林碳源和森林碳汇的两种功能，4 个年份森林碳源的作用明显，分别为 2004 年、2010 年、2012 年和 2013 年，而其他 12 个年份森林碳汇的作用明显。其中，2001 年、2002 年和2003 年森林碳汇作用尤为明显，森林碳汇的面积百分比均为 100%。2010 年森林碳源的作用尤为明显，森林碳源的面积百分比为 94%。

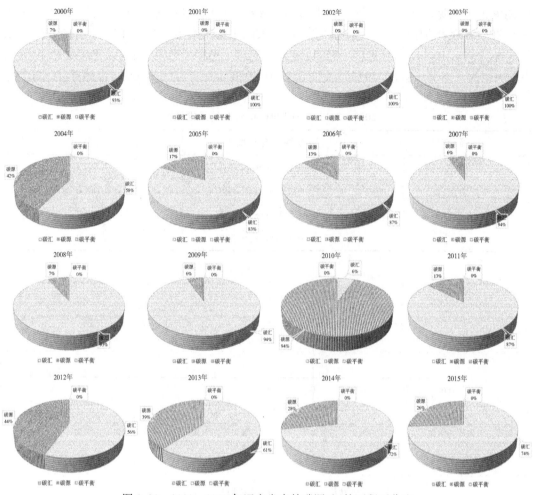

图 9.80   2000—2015 年辽宁省森林碳源/汇的面积百分比

9.3   干旱和东北森林碳源/汇的关系

采用相关分析和线性回归方法，分析干旱和东北森林碳源/汇的关系。使用相关系数（r）、线性趋势线和决定系数（R^2）分析两变量之间的相关性。相关系数（r）即皮尔逊相关系数，当 $r>0$ 时，表示两者正相关；当 $r<0$ 时，表示两者为负相关；r 的绝对值大小代表相关程度。线性趋势线代表时间序列数据的变化趋势。决定系数（R^2）取值范围为 0~1，其值越接近于 1，线性回归模型的拟合优度就越大。

9.3.1   SPEI 和 NEP 的关系

1. SPEI01 和 NEP 的关系

从线性回归模型来看，2000—2015 年东北三省、黑龙江省、吉林省和辽宁省 SPEI01

和 NEP 的关系见表 9.20 和图 9.81~图 9.84。线性拟合模型的斜率均为负值,说明了 NEP 随着 SPEI01 的增加而减少,斜率的绝对值由大到小的关系为:黑龙江省(|−113.27|)>东北三省(|−91.014|)>吉林省(|−75.116|)>辽宁省(|−62.908|);模型拟合优度 R^2 由大到小的关系为:东北三省(0.4973)>黑龙江省(0.4926)>辽宁省(0.4709)>吉林省(0.4207)。

表 9.20　　　　　　　　　　　**2000—2015 年 SPEI01 和 NEP 的线性拟合**

研究区	线性拟合模型	R^2
东北三省	$y = -91.014x + 44.405$	0.4973
黑龙江省	$y = -113.27x + 53.49$	0.4926
吉林省	$y = -75.116x + 36.404$	0.4207
辽宁省	$y = -62.908x + 35.337$	0.4709

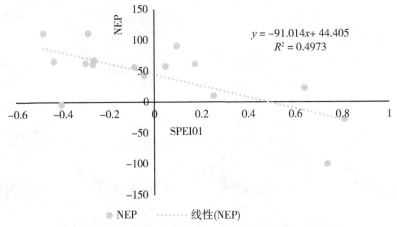

图 9.81　2000—2015 年东北三省 SPEI01 和 NEP 的关系

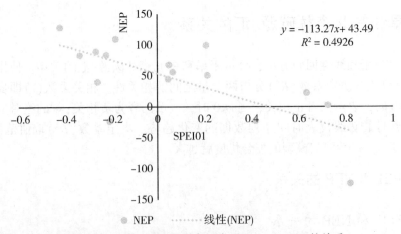

图 9.82　2000—2015 年黑龙江省 SPEI01 和 NEP 的关系

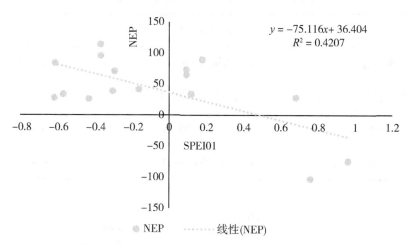

图 9.83　2000—2015 年吉林省 SPEI01 和 NEP 的关系

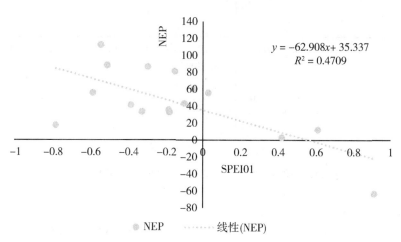

图 9.84　2000—2015 年辽宁省 SPEI01 和 NEP 的关系

2. SPEI03 和 NEP 的关系

从线性回归模型来看，2000—2015 年东北三省、黑龙江省、吉林省和辽宁省 SPEI03 和 NEP 的关系见表 9.21 和图 9.85～图 9.88。线性拟合模型斜率均为负值，说明了 NEP 随着 SPEI03 的增加而减少，斜率的绝对值由大到小的关系为：黑龙江省(|−85.196|)>东北三省(|−68.962|)>吉林省(|−62.348|)>辽宁省(|−40.084|)；模型拟合优度 R^2 由大到小的关系为：吉林省(0.5607)>东北三省(0.5444)>黑龙江省(0.5191)>辽宁省(0.4530)。

表 9.21   2000—2015 年 SPEI03 和 NEP 的线性拟合

研究区	线性拟合模型	R^2
东北三省	$y=-68.962x+38.233$	0.5444
黑龙江省	$y=-85.196x+45.256$	0.5191
吉林省	$y=-62.348x+30.039$	0.5607
辽宁省	$y=-40.084x+34.3$	0.4530

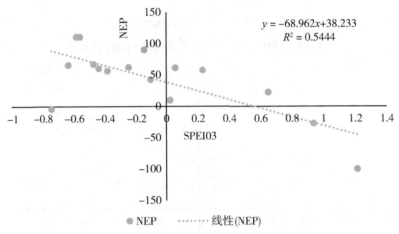

图 9.85　2000—2015 年东北三省 SPEI03 和 NEP 的关系

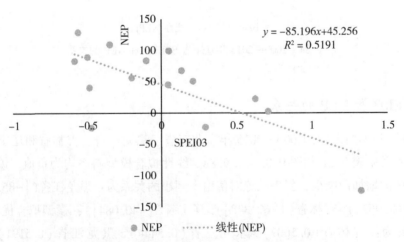

图 9.86　2000—2015 年黑龙江省 SPEI03 和 NEP 的关系

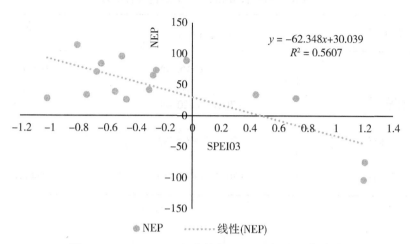

图 9.87 2000—2015 年吉林省 SPEI03 和 NEP 的关系

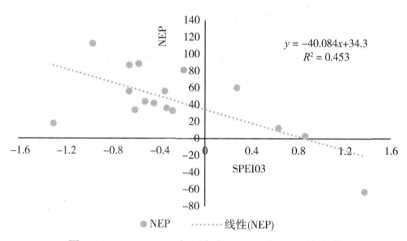

图 9.88 2000—2015 年辽宁省 SPEI03 和 NEP 的关系

3. SPEI12 和 NEP 的关系

从线性回归模型来看，2000—2015 年东北三省、黑龙江省、吉林省和辽宁省
SPEI12 和 NEP 的关系见表 9.22 和图 9.89~图 9.92。线性拟合模型斜率均为负值，说
明了 NEP 随着 SPEI12 的增加而减少，斜率的绝对值由大到小的关系为：黑龙江省
($|-76.411|$)>东北三省($|-67.857|$)>吉林省($|-66.379$)>辽宁省($|-30.563|$)；模
型拟合优度 R^2 由大到小的关系为：东北三省(0.8165)>吉林省(0.8109)>黑龙江省
(0.7679)>辽宁省(0.4061)。

表 9.22   2000—2015 年 SPEI12 和 NEP 的线性拟合

研究区	线性拟合模型	R^2
东北三省	$y=-67.857x+16.968$	0.8165
黑龙江省	$y=-76.411x+20.49$	0.7679
吉林省	$y=-66.379x+8.5593$	0.8109
辽宁省	$y=-30.563x+27.719$	0.4061

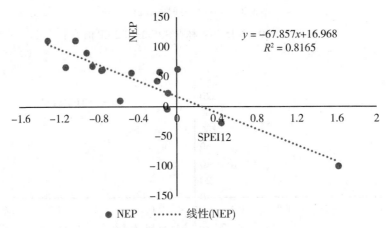

图 9.89　2000—2015 年东北三省 SPEI12 和 NEP 的关系

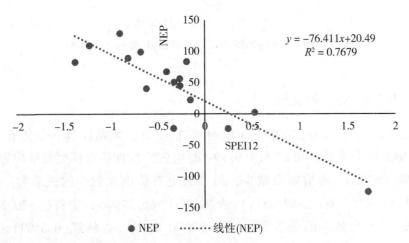

图 9.90　2000—2015 年黑龙江省 SPEI12 和 NEP 的关系

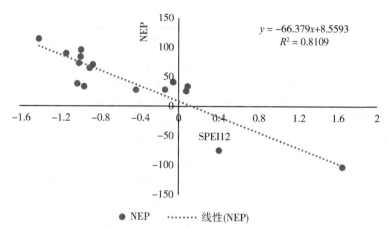

图 9.91 2000—2015 年吉林省 SPEI12 和 NEP 的关系

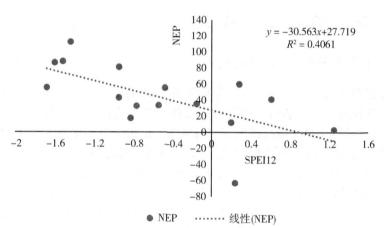

图 9.92 2000—2015 年辽宁省 SPEI12 和 NEP 的关系

综上所述，从线性回归模型来看，2000—2015 年东北三省、黑龙江省、吉林省和辽宁省 SPEI01、SPEI03、SPEI12 和 NEP 的关系见表 9.23。线性拟合模型斜率均为负值，说明 NEP 随着 SPEI 的增加而减少；相同区域，不同时间尺度 SPEI，R^2 由大到小的关系为：SPEI12>SPEI03>SPEI01，说明两者线性拟合关系随着时间尺度的增加，模型拟合优度越来越好；相同时间尺度 SPEI，不同区域，吉林省 SPEI01 和 NEP，辽宁省 SPEI03、SPEI12 和 NEP 的模型拟合优度相对较低，而其他区域的模型拟合优度基本近似。

表 9.23　　　　　　　**2000—2015 年多时间尺度 SPEI 和 NEP 的线性拟合**

研究区	SPEI	线性拟合模型	R^2
东北三省	SPEI01	$y=-91.014x+44.405$	0.4973
	SPEI03	$y=-68.962x+38.233$	0.5444
	SPEI12	$y=-67.857x+16.968$	0.8165

研究区	SPEI	线性拟合模型	R^2
	SPEI01	$y=-113.27x+53.49$	0.4926
黑龙江省	SPEI03	$y=-85.196x+45.256$	0.5191
	SPEI12	$y=-76.411x+20.49$	0.7679
	SPEI01	$y=-75.116x+36.404$	0.4207
吉林省	SPEI03	$y=-62.348x+30.039$	0.5607
	SPEI12	$y=-66.379x+8.5593$	0.8109
	SPEI01	$y=-62.908x+35.337$	0.4709
辽宁省	SPEI03	$y=-40.084x+34.3$	0.453
	SPEI12	$y=-30.563x+27.719$	0.4061

9.3.2　干旱等级和森林碳源/汇的关系

1. SPEI01 干旱等级和 NEP 的关系

2000—2015 年东北三省 SPEI01 干旱等级和 NEP 的关系见图 9.93。在研究时间内，干旱等级包括两种类型：无旱和轻旱，NEP 总体上均呈递减的变化趋势；NEP 减势由大到小的关系为：轻旱>无旱。森林碳汇和森林碳源的最大值分别出现于 2002 年和 2013 年。其中，2010 年和 2013 年无旱的 NEP 均为负值，分别为-24.24gC·m^{-2}和-99.76gC·m^{-2}，即关于森林碳源，2013 年比 2010 年的森林碳源作用更明显。2009 年和 2014 年无旱和轻旱的 NEP 均为正负值，2009 年无旱和轻旱的 NEP 分别为 7.14gC·m^{-2}和-16.49gC·m^{-2}，即无旱为森林碳汇，轻旱为森林碳源；2014 年无旱和轻旱的 NEP 分别为-16.50gC·m^{-2}和 18.99gC·m^{-2}，即无旱为森林碳源，轻旱为森林碳汇；其他年份各个干旱等级的 NEP 均为正值，即森林碳汇。

（1）黑龙江省 SPEI01 干旱等级和 NEP 的关系（图 9.94）：干旱等级包括两种类型：无旱和轻旱；NEP 总体上均呈递减的变化趋势，NEP 减势由大到小的关系为：无旱>轻旱。森林碳汇和森林碳源的最大值分别出现于 2001 年和 2013 年。其中，2009 年、2013 年和 2014 年无旱的 NEP 均为负值，分别为-24.27gC·m^{-2}、-120.63gC·m^{-2}和-24gC·m^{-2}，即森林碳源，2013 年比 2009 年和 2014 年的森林碳源作用更明显；其他年份各个干旱等级的 NEP 均为正值，即森林碳汇。

（2）吉林省 SPEI01 干旱等级和 NEP 的关系（图 9.95）：干旱等级包括两种类型：无旱和轻旱；NEP 总体上均呈递减的变化趋势，NEP 减势由大到小的关系为：无旱>轻旱。森林碳汇和森林碳源的最大值分别出现于 2003 年和 2013 年。其中，2010 年和 2013 无旱的 NEP 均为负值，分别为-74.38gC·m^{-2}和-103.42gC·m^{-2}，即森林碳源，2013 年比 2010 年的森林碳源作用更明显。2004 年和 2007 年 NEP 均为正负值，2004 年无旱和轻旱的 NEP 分别为 72.41gC·m^{-2}和-44.86gC·m^{-2}，即无旱为森林碳汇，轻旱为森林碳源；2007 年无旱和轻旱的 NEP 分别为 39.40gC·m^{-2}和-25.97gC·m^{-2}，即无旱为森林碳汇，轻旱为森林碳源；其他年份各个干旱等级的 NEP 均为正值，即森林碳汇。

（3）辽宁省 SPEI01 干旱等级和 NEP 的关系（图 9.96）：干旱等级包括两种类型：无旱和轻旱；NEP 总体上均呈递减的变化趋势，NEP 减势由大到小的关系为：轻旱>无旱。森林碳汇和森林碳源的最大值分别出现于 2002 年和 2010 年。其中，2010 年无旱的 NEP 为负值，为 $-63.15 \text{gC} \cdot \text{m}^{-2}$，即森林碳源；2009 年无旱和轻旱的 NEP 为正负值，分别为 $43.31 \text{gC} \cdot \text{m}^{-2}$ 和 $-16.49 \text{gC} \cdot \text{m}^{-2}$，即无旱为森林碳汇，轻旱为森林碳源；其他年份各个干旱等级的 NEP 均为正值，即森林碳汇。

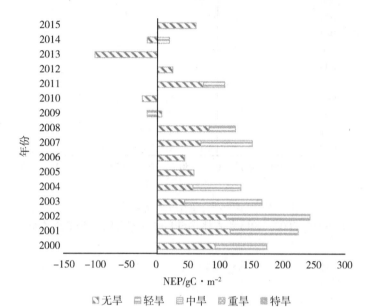

图 9.93 2000—2015 年东北三省 SPEI01 干旱等级和 NEP 的关系

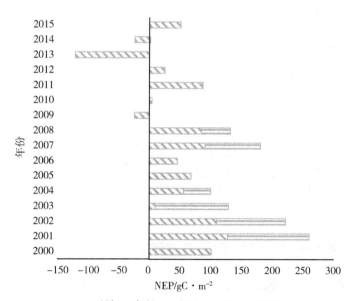

图 9.94 2000—2015 年黑龙江省 SPEI01 干旱等级和 NEP 的关系

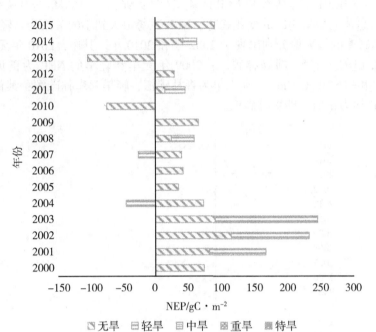

图 9.95　2000—2015 年吉林省 SPEI01 干旱等级和 NEP 的关系

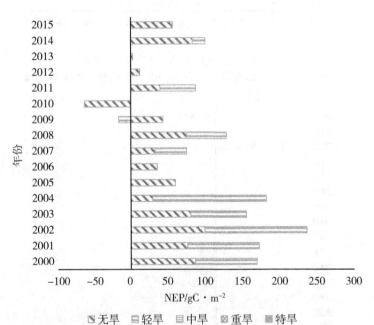

图 9.96　2000—2015 年辽宁省 SPEI01 干旱等级和 NEP 的关系

　　从多年平均状态来看，2000—2015 年 SPEI01 干旱等级和 NEP 的关系见表 9.24。东北三省、黑龙江省、吉林省和辽宁省，干旱等级包括两种类型：无旱和轻旱。①多年平均

NEP 最小值均为负值，即森林碳源。NEP 绝对值由大到小的关系为：无旱，东北三省>黑龙江省>吉林省>辽宁省；轻旱，东北三省=辽宁省>吉林省>黑龙江省。②多年平均 NEP 最大值均为正值，即森林碳汇。NEP 由大到小的关系为：无旱，东北三省=辽宁省>吉林省>黑龙江省；轻旱，东北三省>辽宁省>吉林省>黑龙江省。③多年平均 NEP 均值均为正值，即森林碳汇。NEP 由大到小的关系为：无旱，黑龙江省>辽宁省>东北三省>吉林省；轻旱，辽宁省>黑龙江省>东北三省>吉林省。

由此可见，在研究时间内，东北森林具有森林碳源和森林碳汇的功能，但总体上是以森林碳汇的功能为主，各个干旱等级的森林碳汇能力为轻旱>无旱。

表9.24　　　　　　　　　多年平均 SPEI01 干旱等级和 NEP 的关系

研究区	干旱等级	干旱类型	NEP(gC·m⁻²)		
			最小值	最大值	均值
东北三省	1	无旱	−349.78	314.08	43.38
	2	轻旱	−190.17	273.04	68.16
	3	中旱	—	—	—
	4	重旱	—	—	—
	5	特旱	—	—	—
黑龙江省	1	无旱	−348.17	284.15	51.30
	2	轻旱	−70.97	203.80	68.20
	3	中旱	—	—	—
	4	重旱	—	—	—
	5	特旱	—	—	—
吉林省	1	无旱	−317.19	289.04	39.40
	2	轻旱	−163.45	230.23	46.79
	3	中旱	—	—	—
	4	重旱	—	—	—
	5	特旱	—	—	—
辽宁省	1	无旱	−263.41	314.08	46.82
	2	轻旱	−190.17	263.97	68.53
	3	中旱	—	—	—
	4	重旱	—	—	—
	5	特旱	—	—	—

2. SPEI03 干旱等级和 NEP 的关系

2000—2015 年东北三省 SPEI03 干旱等级和 NEP 的关系见图 9.97。在研究时间内，干旱等级包括 4 种类型：无旱、轻旱、中旱和重旱；NEP 总体上均呈递减的变化趋势，NEP 减势由大到小的关系为：无旱>轻旱>中旱，重旱仅发生 1 次。森林碳汇的最大值出现于 2002 年，而森林碳源的最大值出现于 2013 年。其中，2010 年和 2013 年无旱的 NEP 均为负值，分别为$-24.24gC \cdot m^{-2}$和$-99.76gC \cdot m^{-2}$，即森林碳源；2013 年比 2010 年的森林碳源作用更明显。2004 年、2009 年和 2014 年 NEP 均为正负值，2004 年无旱、轻旱和中旱的 NEP 分别为$53.60gC \cdot m^{-2}$、$84.95gC \cdot m^{-2}$和$-41gC \cdot m^{-2}$，即无旱和轻旱为森林碳汇，中旱为森林碳源；2009 年无旱、轻旱和中旱的 NEP 分别为$6.79gC \cdot m^{-2}$、$25.36gC \cdot m^{-2}$和$-18.57gC \cdot m^{-2}$，即无旱和轻旱为森林碳汇，中旱为森林碳源；2014 年无旱、轻旱、中旱和重旱的 NEP 分别为$-38.51gC \cdot m^{-2}$、$8.56gC \cdot m^{-2}$、$15.29gC \cdot m^{-2}$和$17.28gC \cdot m^{-2}$，即无旱为森林碳源，轻旱、中旱和重旱为森林碳汇。其他年份各个干旱等级的 NEP 均为正值，即森林碳汇。

(1)黑龙江省 SPEI03 干旱等级和 NEP 的关系(图 9.98)：干旱等级包括 3 种类型：无旱、轻旱和中旱；NEP 总体上均呈递减的变化趋势，NEP 减势由大到小的关系为：无旱>轻旱>中旱。森林碳汇和森林碳源的最大值分别出现于 2001 年和 2013 年。其中，2009 年、2013 年和 2014 年 NEP 均为负值，即森林碳源。2009 年和 2013 年无旱的 NEP 分别为$-24.27gC \cdot m^{-2}$和$-120.63gC \cdot m^{-2}$；2014 年无旱和轻旱的 NEP 分别为$-38.28gC \cdot m^{-2}$和$-7.35gC \cdot m^{-2}$；2013 年比 2009 年和 2014 年的森林碳源作用更明显。2003 年 NEP 为正负值，无旱、轻旱和中旱的 NEP 分别为$-13.15gC \cdot m^{-2}$、$83.15gC \cdot m^{-2}$和$111.46gC \cdot m^{-2}$，即无旱为森林碳源，轻旱和中旱为森林碳汇；其他年份各个干旱等级的 NEP 均为正值，即森林碳汇。

(2)吉林省 SPEI03 干旱等级和 NEP 的关系(图 9.99)：干旱等级包括 3 种类型：无旱、轻旱和中旱；NEP 总体上均呈递减的变化趋势，NEP 减势由大到小的关系为：无旱>轻旱>中旱。森林碳汇和森林碳源的最大值分别出现于 2002 年和 2013 年。其中，2010 年和 2013 年无旱的 NEP 均为负值，分别为$-74.38gC \cdot m^{-2}$和$-103.42gC \cdot m^{-2}$，即森林碳源；2013 年比 2010 年的森林碳源作用更明显。2004 年和 2007 年 NEP 均为正负值，2004 年无旱、轻旱和中旱的 NEP 分别为$71.87gC \cdot m^{-2}$、$75.52gC \cdot m^{-2}$和$-42.08gC \cdot m^{-2}$，2007 年无旱、轻旱和中旱的 NEP 分别为$34.79gC \cdot m^{-2}$、$84.01gC \cdot m^{-2}$和$-32.71gC \cdot m^{-2}$，即 2004 年和 2007 年无旱和轻旱为森林碳汇，中旱为森林碳源。其他年份各个干旱等级的 NEP 均为正值，即森林碳汇。

(3)辽宁省 SPEI03 干旱等级和 NEP 的关系(图 9.100)：干旱等级包括 4 种类型：无旱、轻旱、中旱和重旱；NEP 总体上均呈递减的变化趋势，NEP 减势由大到小的关系为：轻旱>无旱>中旱，重旱仅 2014 年发生。森林碳汇和森林碳源的最大值分别出现于 2002 年和 2010 年。其中，2010 年 NEP 为负值，为$-63.15gC \cdot m^{-2}$，即无旱为森林碳源；2009 年无旱、轻旱和中旱的 NEP 为正负值，分别为$46.35gC \cdot m^{-2}$、$22.92gC \cdot m^{-2}$和$-18.57gC \cdot m^{-2}$，即无旱和轻旱为森林碳汇，中旱为森林碳源；其他年份各个干旱等级的 NEP 均为正值，即森林碳汇。

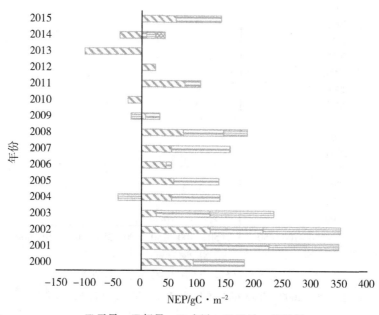

图 9.97　2000—2015 年东北三省 SPEI03 干旱等级和 NEP 的关系

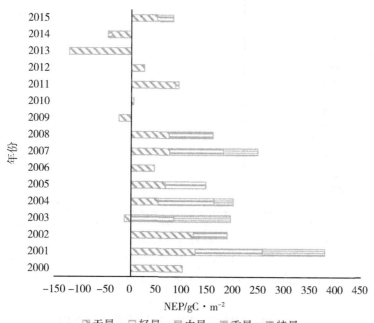

图 9.98　2000—2015 年黑龙江省 SPEI03 干旱等级和 NEP 的关系

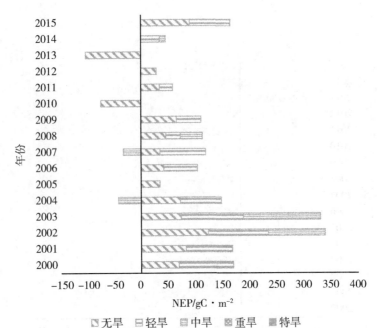

图 9.99　2000—2015 年吉林省 SPEI03 干旱等级和 NEP 的关系

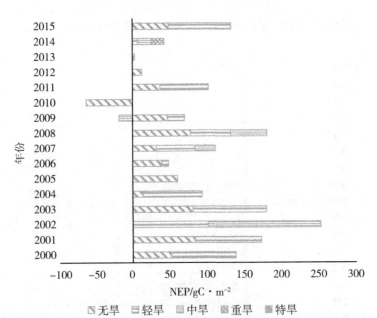

图 9.100　2000—2015 年辽宁省 SPEI03 干旱等级和 NEP 的关系

从多年平均状态来看，2000—2015 年 SPEI03 干旱等级和 NEP 的关系见表 9.25。东北三省、黑龙江省、吉林省和辽宁省干旱等级包括 4 种类型：无旱、轻旱、中旱和重旱。

①多年平均 NEP 最小值均为负值，即森林碳源。NEP 绝对值由大到小的关系为：无旱，东北三省>黑龙江省>吉林省>辽宁省；轻旱，东北三省>黑龙江省>吉林省>辽宁省；

中旱，东北三省＝辽宁省>吉林省>黑龙江省；重旱，东北三省＝辽宁省，吉林省和黑龙江省未发生重旱。②多年平均 NEP 最大值均为正值，即森林碳汇。NEP 由大到小的关系为：无旱，东北三省＝辽宁省>吉林省>黑龙江省；轻旱，东北三省＝辽宁省>吉林省>黑龙江省；中旱，东北三省＝辽宁省>吉林省>黑龙江省；重旱，东北三省＝辽宁省，吉林省和黑龙江省未发生重旱。③多年平均 NEP 均值均为正值，即森林碳汇。NEP 由大到小的关系为：无旱，吉林省>东北三省>黑龙江省>辽宁省；轻旱，吉林省>黑龙江省>东北三省>辽宁省；中旱，黑龙江省>东北三省>辽宁省>吉林省；重旱，东北三省＝辽宁省，吉林省和黑龙江省未发生重旱。

由此可见，在研究时间内，东北森林同时具有森林碳源和森林碳汇的功能，总体上是以森林碳汇为主。不同干旱等级的森林碳汇能力分别为：东北三省，轻旱>中旱>无旱>重旱；黑龙江省，中旱>轻旱>无旱；吉林省，轻旱>无旱>中旱；辽宁省，轻旱>中旱>无旱>重旱。

表 9.25 　　　　　　　　　　多年平均 SPEI03 干旱等级和 NEP 的关系

研究区	干旱等级	干旱类型	NEP($gC \cdot m^{-2}$)		
			最小值	最大值	均值
东北三省	1	无旱	−349.78	314.08	40.05
	2	轻旱	−323.72	273.48	67.39
	3	中旱	−181.13	220.87	46.24
	4	重旱	−118.46	110.86	17.28
	5	特旱	—	—	—
黑龙江省	1	无旱	−348.17	284.15	39.52
	2	轻旱	−322.20	209.03	69.06
	3	中旱	−8.05	184.43	84.50
	4	重旱	—	—	—
	5	特旱	—	—	—
吉林省	1	无旱	−317.19	289.04	41.00
	2	轻旱	−186.06	226.64	69.81
	3	中旱	−109.74	186.39	37.38
	4	重旱	—	—	—
	5	特旱	—	—	—
辽宁省	1	无旱	−263.41	314.08	37.10
	2	轻旱	−145.19	273.48	62.25
	3	中旱	−181.13	220.87	45.65
	4	重旱	−118.46	110.86	17.28
	5	特旱	—	—	—

3. SPEI12 干旱等级和 NEP 的关系

2000—2015 年东北三省 SPEI12 干旱等级和 NEP 的关系见图 9.101。在研究时间内，干旱等级包括 5 种类型：无旱、轻旱、中旱、重旱和特旱；NEP 总体上均呈递减的变化趋势，NEP 减势由大到小的关系为：轻旱>无旱>中旱>重旱，而特旱 NEP 呈增势。森林碳汇和森林碳源的最大值分别出现于 2002 年和 2013 年。其中，2010 年和 2013 年 NEP 均为负值，即森林碳源；2010 年无旱和轻旱的 NEP 分别为 $-24.24gC \cdot m^{-2}$ 和 $-10.58gC \cdot m^{-2}$，2013 年无旱的 NEP 为 $-99.76gC \cdot m^{-2}$，2013 年比 2010 年的森林碳源作用更明显。2003 年、2009 年和 2014 年 NEP 均为正负值。2003 年无旱、轻旱、中旱和重旱的 NEP 分别为 $-15.59gC \cdot m^{-2}$、$77.42gC \cdot m^{-2}$、$68.20gC \cdot m^{-2}$ 和 $111.12gC \cdot m^{-2}$，即无旱为森林碳源，轻旱、中旱和重旱为森林碳汇；2009 年无旱、轻旱和中旱的 NEP 分别为 $-9.77gC \cdot m^{-2}$、$8.37gC \cdot m^{-2}$ 和 $59.37gC \cdot m^{-2}$，即无旱为森林碳源，轻旱和中旱为森林碳汇；2014 年无旱、轻旱和中旱的 NEP 分别为 $-9.56gC \cdot m^{-2}$、$19.18gC \cdot m^{-2}$ 和 $50.90gC \cdot m^{-2}$，即无旱为森林碳源，轻旱和中旱为森林碳汇；其他年份各个干旱等级的 NEP 均为正值，即森林碳汇。

(1)黑龙江省 SPEI12 干旱等级和 NEP 的关系(图 9.102)：在研究时间内，干旱等级包括 5 种类型：无旱、轻旱、中旱、重旱和特旱；NEP 总体上均呈递减的变化趋势，NEP 减势由大到小的关系为：中旱>无旱>轻旱>重旱，特旱仅 2008 年发生。森林碳汇和森林碳源的最大值分别出现于 2001 年和 2013 年。其中，2009 年和 2013 年 NEP 均为负值，即森林碳源。2009 年无旱和轻旱的 NEP 分别为 $-15.21gC \cdot m^{-2}$ 和 $-50.60gC \cdot m^{-2}$，2013 年无旱的 NEP 为 $-120.63gC \cdot m^{-2}$；2013 年比 2009 年的森林碳源作用更明显。2003 年和 2014 年 NEP 均为正负值。2003 年无旱、轻旱和中旱的 NEP 分别为 $-16.91gC \cdot m^{-2}$、$62.38gC \cdot m^{-2}$ 和 $64.22gC \cdot m^{-2}$，即无旱为森林碳源，轻旱和中旱为森林碳汇；2014 年无旱和轻旱的 NEP 分别为 $-23.78gC \cdot m^{-2}$ 和 $25.78gC \cdot m^{-2}$，即无旱为森林碳源，轻旱为森林碳汇；其他年份各个干旱等级的 NEP 均为正值，即森林碳汇。

(2)吉林省 SPEI12 干旱等级和 NEP 的关系(图 9.103)：在研究时间内，干旱等级包括 5 种类型：无旱、轻旱、中旱、重旱和特旱；NEP 总体上均呈递减的变化趋势，NEP 减势由大到小的关系为：中旱>重旱>轻旱>无旱，特旱仅 2002 年发生。森林碳汇和森林碳源的最大值分别出现于 2002 年和 2013 年。其中，2010 年和 2013 NEP 均为负值，即森林碳源。2010 年无旱和轻旱的 NEP 分别为 $-74.41gC \cdot m^{-2}$ 和 $-10.35gC \cdot m^{-2}$；2013 年无旱的 NEP 为 $-103.42gC \cdot m^{-2}$；2013 年比 2010 年的森林碳源作用更明显。2007 年和 2008 年 NEP 均为正负值。2007 年无旱、轻旱、中旱和重旱的 NEP 分别为 $6.46gC \cdot m^{-2}$、$42.39gC \cdot m^{-2}$、$76.98gC \cdot m^{-2}$ 和 $-31.07gC \cdot m^{-2}$，即无旱、轻旱、中旱为森林碳汇，重旱为森林碳源；2008 年无旱、轻旱和中旱的 NEP 分别为 $-26.14gC \cdot m^{-2}$、$41.85gC \cdot m^{-2}$ 和 $63.52gC \cdot m^{-2}$，即无旱为森林碳源，轻旱和中旱为森林碳汇；其他年份各个干旱等级的 NEP 均为正值，即森林碳汇。

(3)辽宁省 SPEI03 干旱等级和 NEP 的关系(图 9.104)：在研究时间内，干旱等级包括 5 种类型：无旱、轻旱、中旱、重旱和特旱；NEP 总体上均呈递减的变化趋势，NEP

减势由大到小的关系为：中旱>重旱>轻旱>无旱，特旱仅 2015 年发生。森林碳汇的最大值出现于 2008 年，而森林碳源的最大值出现于 2015 年。其中，2010 年无旱的 NEP 为负值，为 $-63.15\mathrm{gC \cdot m^{-2}}$，即无旱为森林碳源；2015 年轻旱、中旱、重旱和特旱的 NEP 为正负值，分别为 $-40.55\mathrm{gC \cdot m^{-2}}$、$-61.20\mathrm{gC \cdot m^{-2}}$、$68.42\mathrm{gC \cdot m^{-2}}$ 和 $76.73\mathrm{gC \cdot m^{-2}}$，即轻旱和中旱为森林碳源，重旱和特旱为森林碳汇；其他年份各个干旱等级的 NEP 均为正值，即森林碳汇。

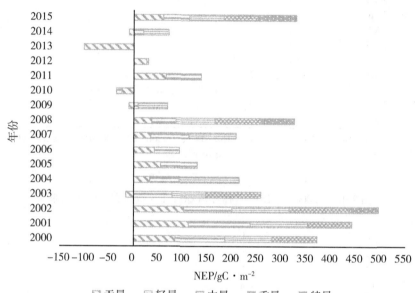

图 9.101 2000—2015 年东北三省 SPEI12 干旱等级和 NEP 的关系

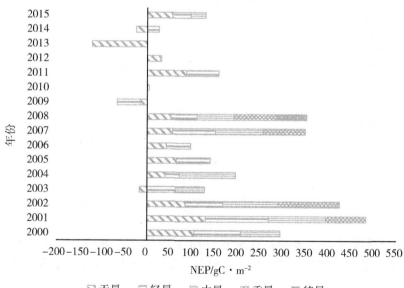

图 9.102 2000—2015 年黑龙江省 SPEI12 干旱等级和 NEP 的关系

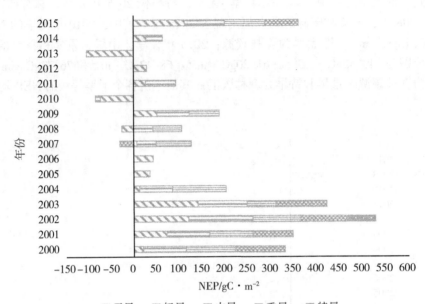

图 9.103　2000—2015 年吉林省 SPEI12 干旱等级和 NEP 的关系

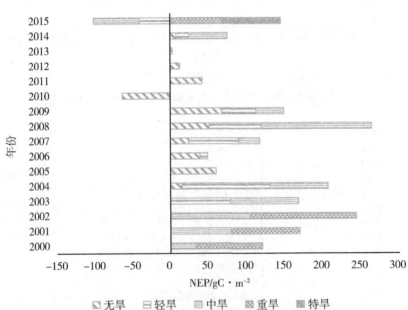

图 9.104　2000—2015 年辽宁省 SPEI01 干旱等级和 NEP 的关系

从多年平均状态来看，2000—2015 年 SPEI12 干旱等级和 NEP 的关系见表 9.26。东北三省、黑龙江省、吉林省和辽宁省干旱等级包括 5 种类型：无旱、轻旱、中旱、重旱和特旱。

（1）多年平均 NEP 最小值均为负值，即森林碳源。NEP 绝对值由大到小的关系为：

无旱，东北三省>黑龙江省>吉林省>辽宁省；轻旱，东北三省＝辽宁省>黑龙江省>吉林省；中旱，东北三省＝辽宁省>吉林省>黑龙江省；重旱，东北三省＝辽宁省>吉林省>黑龙江省；特旱，东北三省＝辽宁省>黑龙江省>吉林省。

（2）多年平均 NEP 最大值均为正值，即森林碳汇。NEP 由大到小的关系：无旱，东北三省＝吉林省>辽宁省>黑龙江省；轻旱，东北三省＝辽宁省>黑龙江省>吉林省；中旱，东北三省＝黑龙江省>吉林省>辽宁省；重旱，东北三省＝辽宁省>吉林省>黑龙江省；特旱，东北三省＝辽宁省>黑龙江省>吉林省。

（3）多年平均 NEP 均值均为正值，即森林碳汇。NEP 由大到小的关系：无旱，黑龙江省>吉林省>东北三省>辽宁省；轻旱，吉林省>东北三省>黑龙江省>辽宁省；中旱，黑龙江省>东北三省>吉林省>辽宁省；重旱，黑龙江省>辽宁省>东北三省>吉林省；特旱，辽宁省>东北三省>黑龙江省>吉林省。

由此可见，在多年平均状态下，各个干旱等级的平均森林碳汇能力，分别为东北三省，中旱>重旱>特旱>轻旱>无旱；黑龙江省，重旱>中旱>特旱>轻旱>无旱；吉林省，中旱>重旱>轻旱>特旱>无旱；辽宁省，重旱>特旱>中旱>轻旱>无旱。

表 9.26　　　　　　　　　　多年尺度 SPEI12 干旱等级和 NEP 的关系

研究区	干旱等级	干旱类型	NEP（gC·m^{-2}）		
			最小值	最大值	均值
东北三省	1	无旱	−349.78	289.04	30.21
	2	轻旱	−181.13	314.08	56.96
	3	中旱	−262.96	284.15	87.05
	4	重旱	−214.75	273.48	81.69
	5	特旱	−115.01	177.17	68.28
黑龙江省	1	无旱	−348.17	264.35	35.30
	2	轻旱	−165.88	270.61	56.33
	3	中旱	−111.78	284.15	92.72
	4	重旱	−92.25	200.23	102.77
	5	特旱	40.24	95.09	66.28
吉林省	1	无旱	−317.19	289.04	30.44
	2	轻旱	−141.35	252.88	70.05
	3	中旱	−117.79	227.98	86.70
	4	重旱	−101.11	219.69	75.00
	5	特旱	8.51	93.81	62.13

研究区	干旱等级	干旱类型	NEP($gC \cdot m^{-2}$)		
			最小值	最大值	均值
辽宁省	1	无旱	−263.41	283.03	23.34
	2	轻旱	−181.13	314.08	44.93
	3	中旱	−262.96	217.48	58.23
	4	重旱	−214.75	273.48	96.15
	5	特旱	−115.01	177.17	76.73

9.4　本章小结

（1）2000—2015 年东北 SPEI 时空特征及其变化规律：在时间上，SPEI01、SPEI03 和 SPEI12 分别反映了月、季节和年的干旱特征。从 M-K 检验方法的结果来看，在研究时间内，反映了干湿交替变化总体上呈由干旱变为湿润的变化趋势。其中，SPEI01 由干旱变为湿润的趋势较不明显，SPEI03 和 SPEI12 由干旱变为湿润的趋势较明显。在空间上，通过 EOF 方法的分析，从空间模态来看，模态 1 是空间分布的主要形态，其呈同向分布模式；模态 2 是空间分布的典型形态，其呈反向分布模式。两个空间模态所对应时间系数均随时间变化一直围绕 0 值呈波动变化状态，时间系数所反映的与特征向量的时空规律基本一致。

（2）2000—2015 年东北干旱等级：根据国家标准《气象干旱等级》（GB/T 20481—2017），基于 SPEI 对研究区进行了 5 类干旱等级划分。SPEI01 干旱等级包括两种类型：无旱和轻旱；SPEI03 干旱等级包括 4 种类型：无旱、轻旱、中旱和重旱；SPEI12 干旱等级包括 5 种类型：无旱、轻旱、中旱、重旱和特旱。在研究时间内，各个干旱等级的面积百分比有所不同。

（3）2000—2015 年东北 NEP 时空特征及其变化规律：在时间上，通过 M-K 检验方法的分析，反映了 NEP 的动态变化总体上呈逐年递减的变化趋势。其中，2005 年和 2007 年是发生 NEP 变化的时间突变点。NEP 下降趋势显著，反映了东北三省森林碳汇的功能有所减弱。在空间上，从空间模态来看，模态 1 是空间分布的主要形态，其呈现以同向分布模式为主，个别位置出现反向分布模式；模态 2 是空间分布的典型形态，其呈反向分布模式。从时间系数来看，两个空间模态所对应时间系数均随时间变化一直围绕 0 值呈波动变化状态，时间系数所反映的与特征向量的时空规律基本一致。

（4）2000—2015 年多年平均 SPEI 干旱等级和 NEP 的关系：在研究时间内，东北森林同时具有碳源和碳汇的功能，总体上是以森林碳汇为主。在多年平均状态下，干旱等级包括 5 种类型：无旱、轻旱、中旱、重旱和特旱。各个干旱等级的森林碳汇能力有所不同。

第10章 结 论

本研究以我国东北森林生态系统为研究对象，将通量观测数据、遥感数据、MT-CLIM 模型和 Biome-BGC 模型相融合，对 Biome-BGC 模型进行参数优化与验证，获得了 2000—2015 年不同时间尺度的东北森林生态系统碳通量估算结果，分析了东北森林碳通量时空特征以及干旱对东北森林碳源/汇的影响。

10.1 本研究的主要结论

1. Biome-BGC 模型驱动数据的参数化方面

该模型驱动数据主要包括：气象数据、基础地理数据和植被生理生态参数。由于观测站点在地理上分布是不均匀的，因此在气候模拟方面选取经纬度均匀的 2000—2015 年 $0.5° \times 0.5°$ 逐日气象格点数据集。采用 MT-CLIM 模型和空间插值方法相结合，将本研究区 362 个气象格点生成 Biome-BGC 模型所需的多时间序列气象栅格数据集，建立东北地区日值气象栅格数据库，主要包括 7 类气象要素：最高气温、最低气温、降水量、白天平均气温、饱和水汽压差、入射太阳短波辐射和昼长。由于气象数据处理的工作量特别大，基于 ENVI/IDL 平台编写了批量气象栅格数据处理程序来进行处理，以提高数据处理效率和数据质量。

2. Biome-BGC 模型参数优化方面

考虑优化方法的适用性、模型改进和运行计算时间成本等因素，本研究所采用的模型参数优化方案为：在站点尺度上，模型初始化/状态参数优化是采用 PEST 方法对 N 固定参数和最大气孔导度参数进行优化，而模型状态变量参数优化是采用 EnKF 方法对阳生叶 V_{max}、阴生叶 V_{max}、总投影 LAI 和分解速率综合标量 rate_scalar 进行优化，实现两种优化方法的优势互补。通过同化通量观测数据优化 Biome-BGC 模型参数，同时获得了较好的模型模拟效果。基于 Visual Studio 平台编写程序，将 EnKF 算法与 Biome-BGC 模型相互耦合，从而实现模型参数的优化。在区域尺度上，以栅格化的多源时空数据作为模型输入数据，将站点尺度的参数优化研究结果推广到区域模型应用，从而达到提高其模拟精度和区域适应性的目的。

3. 区域尺度 Biome-BGC 模型运行方面

由于模型输入的 2000—2015 年多源时空数据量超大，基于 ENVI/IDL 平台编程，依据东北三省的地理位置，黑龙江省 UTM 投影 52 带，吉林、辽宁省 UTM 投影 51 带，将研究区分为黑龙江省(列 979×1140 行)和吉林省、辽宁省(1025 列×841 行)两大区，采用栅格数据分块批量和多线程并行计算模式实现区域尺度 Biome-BGC 模型运行，输出栅格模拟结果，有效地提高了区域尺度模型模拟效率和可视化效果。

4. 东北森林碳通量时空模拟方面

在站点尺度上，模型模拟 2011 年帽儿山森林生态台站的碳通量总初级生产力(GPP)和生态系统总呼吸(Re)；在区域尺度上，模型模拟的 2000—2015 年东北森林生态系统年值和月值碳通量结果主要包括：总初级生产力(GPP)、净初级生产力(NPP)、净生态系统生产力(NEP)、维持呼吸(MR)、生长呼吸(GR)和异养呼吸(HR)。

5. 东北森林碳通量时空模拟验证和评价方面

(1)在站点尺度上，优化模拟结果与帽儿山森林生态台站通量观测数据比较，GPP 和 Re 的 R^2 比默认模型提高了 10.67% 和 10.59%，RMSE 分别为 2.53 和 0.55，误差比默认模型分别降低了 22.87% 和 57.03%，生长季 GPP 和 Re 总量比默认模型提高了 17.0% 和 21.72%，说明站点尺度 Biome-BGC 模型参数优化取得了较好的效果。

(2)在区域尺度上，优化模拟结果分别与小兴安岭地区的森林资源清查样地数据和多时间序列 MODIS 遥感数据产品进行比较，验证说明 Biome-BGC 模型模拟结果与森林清查固定样地具有较好的相关性，模拟值稍高于两者。模拟结果与不同学者采用不同模型估算研究结果接近，且优于相同时空尺度分辨率研究结果。因此，本研究区域尺度 Biome-BGC 模型应用于东北森林碳通量估算是可靠和有效的。

6. 东北森林碳通量时空分析方面

(1)东北森林生产力时空分析：东北森林 GPP、NPP 和 NEP 年值变化分别为 334.6~1993.8gC·m^{-2}、40~828.19gC·m^{-2} 和 −349.78~314.08gC·m^{-2}；东北三省森林 GPP 和 NPP 年均值的大小关系：均为辽宁省>吉林省>黑龙江省，NEP 年均值为黑龙江省>辽宁省>吉林省。东北林区大兴安岭、小兴安岭和长白山 GPP 和 NPP 年均值的大小关系均为长白山>小兴安岭>大兴安岭，NEP 年均值为大兴安岭>长白山>小兴安岭。东北林型针叶林、阔叶林和混交林 GPP 和 NPP 年均值彼此之间相差不大。东北森林 GPP、NPP 和 NEP 月值变化分别为 0~335.39gC·m^{-2}、−54.7~170.19gC·m^{-2} 和 −113.06~85gC·m^{-2}。东北三省森林 GPP 和 NPP 月均值的大小关系均为辽宁省>吉林省>黑龙江省，NEP 为黑龙江省>辽宁省>吉林省。东北林区森林 GPP 和 NEP 月均值的大小关系，均为长白山>大兴安岭>小兴安岭，NPP 月均值小兴安岭>长白山>大兴安岭。东北林型 GPP 和 NPP 月均值的大小关系为针叶林>混交林>阔叶林。

(2)东北森林呼吸时空分析：东北森林 MR、GR 和 HR 年值变化分别为 72.49~1133.99gC·m^{-2}、51.39~247.59gC·m^{-2} 和 195.87~960.76gC·m^{-2}。东北三省森林 MR、GR 和 HR 年均值的大小关系均为辽宁省>吉林省>黑龙江省。东北林区大兴安岭、小兴安岭和长白山 GR 和 HR 年均值的大小关系均为长白山>小兴安岭>大兴安岭，MR 年均值为长白山>大兴安岭>小兴安岭。东北林型针叶林、阔叶林和混交林 MR、GR 和 HR 年均值彼此之间相差不大。东北森林 MR、GR 和 HR 月值变化分别为 $0.18 \sim 176.95 \mathrm{gC} \cdot \mathrm{m}^{-2}$、$0 \sim 50.43 \mathrm{gC} \cdot \mathrm{m}^{-2}$ 和 $0.52 \sim 153.12 \mathrm{gC} \cdot \mathrm{m}^{-2}$。东北三省森林 MR、GR 和 HR 月均值的大小关系均为辽宁省>吉林省>黑龙江省。东北林区森林 GR 为大兴安岭>长白山>小兴安岭，MR 和 HR 月均值小兴安岭>长白山>大兴安岭。东北林型 GR 和 HR 月均值的大小关系为针叶林>混交林>阔叶林，MR 月均值针叶林>阔叶林>混交林。从 2000—2015 年模拟结果来看，东北森林 MR、GR 和 HR 年值均表现出十分明显的年际变化：MR 年均值在 $265 \mathrm{gC} \cdot \mathrm{m}^{-2}$ 左右波动，GR 年均值在 $150 \mathrm{gC} \cdot \mathrm{m}^{-2}$ 左右波动，HR 年均值在 $450 \mathrm{gC} \cdot \mathrm{m}^{-2}$ 左右波动，三者的年均值大小关系为：HR>MR>GR。东北森林碳通量 MR 和 HR 年际变化是总体表现稳定且有逐步增加趋势。从 2011 年模拟结果来看，东北森林 MR、GR 和 HR 月值表现出十分明显的年内变化：均表现为单峰变化曲线，具有非生长季值很低、生长季 4—11 月值较高的特点。MR 月均值最大值 8 月为 $59.34 \mathrm{gC} \cdot \mathrm{m}^{-2}$，最小值 1 月为 $2.95 \mathrm{gC} \cdot \mathrm{m}^{-2}$；GR 月均值最大值为 6 月 $31.11 \mathrm{gC} \cdot \mathrm{m}^{-2}$，最小值为 1 月和 12 月均为 $0 \mathrm{gC} \cdot \mathrm{m}^{-2}$；HR 月均值最大值 7 月为 $77.38 \mathrm{gC} \cdot \mathrm{m}^{-2}$，最小值 12 月为 $7.51 \mathrm{gC} \cdot \mathrm{m}^{-2}$，三者的月均值大小关系为：HR>MR>GR。

7. 干旱对东北森林碳源/汇的影响分析方面

(1)东北干旱时空分析：在时间上，反映了干湿交替变化，总体上呈由干旱变为湿润的变化趋势。SPEI01、SPEI03 和 SPEI12 分别反映了月、季和年的干旱特征。其中，SPEI01 反映由干旱变为湿润的趋势不明显，而 SPEI03 和 SPEI12 反映由干旱变为湿润的趋势较明显。SPEI01 干旱等级包括两种类型：无旱和轻旱；SPEI03 干旱等级包括 4 种类型：无旱、轻旱、中旱和重旱；SPEI12 干旱等级包括 5 种类型：无旱、轻旱、中旱、重旱和特旱。在空间上，空间分布的主要形态是同向分布模式，空间分布的典型形态是反向分布模式，时间系数所反映的与特征向量的时空规律基本一致。

(2)东北森林碳源/汇时空分析：在时间上，反映了东北森林碳源/汇的动态变化过程，总体上呈逐年递减的变化趋势，即东北三省森林碳汇功能有所减弱。其中，2005 年和 2007 年是其时间突变点。东北森林正处于较稳定的顶极群落生态系统状态，固碳能力比较稳定，在气候变化和扰动因素存在的情况下，引起个别年份出现较大波动。年内变化表现为非生长季很低、生长季较高的特点。在生长季开始和结束时，东北森林发挥了森林碳源的功能，但随着生长季总光合作用固定碳能力的不断增强，东北森林发挥了森林碳汇的功能。绿色植物通过光合作用能够吸收大气中的二氧化碳，但其自养呼吸和异养呼吸过程则会释放二氧化碳，植物碳汇能力的大小取决于光合作用与呼吸作用过程的强弱对比关系。在空间上，空间分布的主要形态是以同向分布模式为主，仅个别位置出现反向分布模式；空间分布的典型形态是反向分布模式，时间系数所反映的与特征向量的 NEP 时空规律基本一致。东北森林碳源/汇不仅与气候变化和扰动因素相关，而且与森林生长状态相关。

(3)干旱对东北森林碳源/汇的影响分析：在研究时间内，东北森林同时具有森林碳源和森林碳汇的功能，总体上是以森林碳汇为主。在多年平均状态下，各个干旱等级的森林碳汇能力有所不同。东北三省：轻旱>中旱>无旱>重旱；黑龙江省：中旱>轻旱>无旱；吉林省：轻旱>无旱>中旱；辽宁省：轻旱>中旱>无旱>重旱，反映了轻旱比无旱的森林碳汇的能力更好，极端干旱或极端湿润造成的旱涝会降低森林碳汇能力。由此可见，东北森林碳源/汇的功能是由干旱程度所决定的，一方面，森林生长受到温度和降水量的控制，旱涝会降低森林碳汇能力；另一方面，在全球变暖背景下，发生干旱时，当大气中二氧化碳浓度升高时，进一步促进森林的光合作用，会造成位于干旱地区的森林出现"疯长"的现象。

10.2　本研究的主要创新点

(1)将通量数据、遥感数据与 Biome-BGC 模型相融合，借助遥感和 GIS 技术，获取多时相空间信息数据，并将 MT-CLIM 气候模拟模型与 Biome-BGC 生态过程模型相结合，实现了空间尺度的扩展，从而有效地模拟东北森林生态系统的碳通量。

(2)通过数据同化技术，采用 PEST 方法和 EnKF 方法，对点尺度 Biome-BGC 模型参数进行了优化，并将研究结果推广到区域尺度 Biome-BGC 模型模拟。PEST 方法用于优化模型的初始化参数和状态参数：N 固定参数和最大气孔导度参数；而 EnKF 方法用于优化模型的生态过程中状态变量参数：阳生叶 V_{max}、阴生叶 V_{max}、总投影 LAI 和分解速率综合标量 rate_scalar，实现两种优化方法的优势互补。通过模型参数优化，不仅优化碳通量，也同时优化模型参数，使得生态系统模型在同化过程中逐渐逼近真实历史状况。

10.3　本研究的不足之处

(1)由于植被类型及植被覆盖率条件会影响辐射的反射效果，下一步将研究叶面积指数对太阳辐射的影响，改进 MT-CLIM 模型，进一步提高 Biome-BGC 模型输入数据的精度。

(2)采用 PEST 方法优化模型初始化/状态参数，对模型的机理结构、参数数量确定、以及目标函数及权重设置等问题还需进一步探索。

(3)采用 EnKF 方法优化模型状态变量参数，对预报误差方差矩阵的估计和观测误差方差矩阵的给定会影响同化效果，今后有必要考虑膨胀系数对误差方差矩阵进行调整，进一步提高数据同化质量；测量叶片尺度的净光合速率、蒸腾速率及气孔导度等参数，将实测值与模拟的参数进行比较，进一步提高参数优化的可靠性。

(4)大气二氧化碳浓度观测是验证区域和全球尺度森林生态系统碳汇计算结果的重要手段。今后将研究 Biome-BGC 模型与碳卫星相结合，进一步研究多源碳观测数据融合与同化技术，从而提高模型模拟结果的可信度和稳定性。

(5)基于 SPEI 的干旱对东北森林碳源/汇的影响分析，由于 SPEI 计算方法是采用联合国粮农组织(FAO)在 1998 年推荐修正的 Penman-Monteith 方法估算潜在蒸散，其将参考作物蒸散近似潜在蒸散，未考虑水分的限制和植被生长状况的差别，即与作物的种类、下垫面的实际情况无关。因此，SPEI 干旱指数计算具有不确定性。今后将探究综合干旱指数，进一步提高干旱评价的精度、科学性和可靠性，从而为区域尺度复杂地形和气候背景下的森林生态系统过程模拟及变化驱动力分析提供参考。

参 考 文 献

[1]方精云,唐艳鸿,林俊达,等. 全球生态学——气候变化与生态响应[M]. 北京:高等教育出版社,2000.

[2]王妍,张旭东,彭镇华,等. 森林生态系统碳通量研究进展[J]. 世界林业研究,2006(3):12-17.

[3]陶波,葛全胜,李克让,等. 陆地生态系统碳循环研究进展[J]. 地理研究,2001,20(5):564-575.

[4]常顺利,杨洪晓,葛剑平. 净生态系统生产力研究进展与问题[J]. 北京师范大学学报(自然科学版),2005(5):517-521.

[5]Freer Smith P. Fire, Climate Change and Carbon Cycling in the Boreal Forest[J]. The Quarterly Review of Biology, 2001, 74(76):187.

[6]Pan Y, Birdsey R A, Fang J, et al. A Large and Persistent Carbon Sink in the World's Forests[J]. Science, 2011, 333(6045):987-993.

[7]鲍春生. 兴安落叶松林生态系统生产力与碳通量研究[D]. 呼和浩特:内蒙古农业大学,2010.

[8]王如松. 现代生态学的热点问题研究[M]. 北京:中国科学技术出版社,1996.

[9]周玉荣,于振良,赵士洞. 我国主要森林生态系统碳储量和碳平衡[J]. 植物生态学报,2000(5):518-522.

[10]胡海清,魏书精,魏书威,等. 气候变暖背景下火干扰对森林生态系统碳循环的影响[J]. 灾害学,2012(4):37-41.

[11]方精云. 探索 CO_2 失汇之谜[J]. 植物生态学报,2002(2):255-256.

[12]肖复明,张群,范少辉. 中国森林生态系统碳平衡研究[J]. 2006,1(19):53-57.

[13]牛铮,王长耀,等. 碳循环遥感基础与应用[M]. 北京:科学出版社,2008.

[14]刘广. 京津冀地区森林植被净初级生产力遥感估算研究[D]. 北京:北京林业大学,2008.

[15]Baldocchi D D. Assessing the Eddy Covariance Technique for Evaluating Carbon Dioxide Exchange Rates of Ecosystems:Past, Present and Future[J]. Global Change Biology, 2003, 9(4):479-492.

[16]于贵瑞. 全球变化与陆地生态系统碳循环和碳蓄积[M]. 北京:气象出版社,2003.

[17]国家林业和草原局. 中国森林资源报告(2014—2018)[M]. 北京:中国林业出版社,2019.

[18]毛学刚. 东北森林碳循环日步长模型与遥感综合应用研究[D]. 哈尔滨:东北林业大

学，2011.

[19] 李慧. 福建省森林生态系统 NPP 和 NEP 时空模拟研究[D]. 福州：福建师范大学，2008.

[20] 蒋琰. 北亚热带次生栎林碳收支的研究[D]. 南京：南京林业大学，2010.

[21] 刘广，张晓丽. 森林生态系统碳通量遥感估算中若干问题的探讨[J]. 世界林业研究，2007，20(6)：17-22.

[22] 侯振宏. 中国林业活动碳源汇及其潜力研究[D]. 北京：中国林业科学研究院，2010.

[23] 张春敏. 长江源区植被净初生产力及水分利用效率的估算研究[D]. 兰州：兰州大学，2008.

[24] 刘敏. 基于 RS 和 GIS 的陆地生态系统生产力估算及不确定性研究[D]. 南京：南京师范大学，2008.

[25] Biology O, Biology O, Mountain R, et al. Carbon Allocation in Forest Ecosystems[J]. Global Change Biology, 2007, 10(13)：2089-2109.

[26] 方精云，柯金虎，唐志尧，等. 生物生产力的"4P"概念、估算及其相互关系[J]. 植物生态学报，2001，25(4)：414-419.

[27] 王兴昌，王传宽. 森林生态系统碳循环的基本概念和野外测定方法评述[J]. 生态学报，2015(13)：4241-4256.

[28] 王兴昌，王传宽，于贵瑞. 基于全球涡度相关的森林碳交换的时空格局[J]. 中国科学：地球科学，2008(9)：1092-1102.

[29] 王磊. 基于 IBIS 模型模拟的中国东部南北样带植被 NPP 动态变化研究[D]. 北京：中国林业科学研究院，2010.

[30] Gillespie A J R, Brown S, Lugo A E. Tropical Forest Biomass Estimation from Truncated Stand Tables[J]. Forest Ecology & Management, 1992, 48(1-2)：69-87.

[31] 方精云. 北半球中高纬度的森林碳库可能远小于目前的估算[J]. 植物生态学报，2000，24(5)：635-638.

[32] 杨昆，管东生. 珠江三角洲地区森林生物量及其动态[J]. 应用生态学报，2007，18(4)：705-712.

[33] 焦燕，胡海清. 黑龙江省森林植被碳储量及其动态变化[J]. 应用生态学报，2005，16(12)：2248-2252.

[34] 刘国华，方精云. 中国森林碳动态及其对全球碳平衡的贡献[J]. 生态学报，2000，20(5)：733-740.

[35] 刘冰燕. 陕西省森林生态系统碳储量特征研究[D]. 咸阳：西北农林科技大学，2015.

[36] 粟娟，周璋，李意德. 广州市森林生态系统碳储量格局分析[J]. 中国城市林业，2016，14(4)：15-21.

[37] 赵栋，马旭. 江苏省杨树林碳储量及碳密度研究[J]. 吉林农业，2012(5)：139-140.

[38] Fang J, Brown S, Tang Y, et al. Overestimated Biomass Carbon Pools of the Northern mid-and High Latitude Forests[J]. Climatic Change, 2006, 74(1)：355-368.

[39] Lefsky M A, Keller M, Pang Y, et al. Revised Method for Forest Canopy Height Estimation

from Geoscience Laser Altimeter System Waveforms[J]. Journal of Applied Remote Sensing, 2007, 1(1): 6656-6659.

[40] Simard M, Pinto N, Fisher J B, et al. Mapping Forest Canopy Height Globally with Spaceborne Lidar[J]. Journal of Geophysical Research Biogeosciences, 2015, 116(G4): 4021. 1-12

[41] 郭志华, 彭少麟, 王伯荪. 利用 TM 数据提取粤西地区的森林生物量[J]. 生态学报, 2002, 22(11): 1832-1839.

[42] 张洪武, 罗令, 牛辉陵, 等. 森林生态系统碳储量研究方法综述[J]. 陕西林业科技, 2010(6): 45-48.

[43] 周丽艳. 中国北方针叶林生态系统碳通量及其影响机制研究[D]. 北京: 北京林业大学, 2011.

[44] 于贵瑞, 孙晓敏. 陆地生态系统通量观测的原理与方法[M]. 北京: 高等教育出版社, 2006.

[45] 王绍强, 陈蝶聪, 周蕾, 等. 中国陆地生态系统通量观测站点空间代表性[J]. 生态学报, 2013, 33(24): 7715-7728.

[46] 郝彦宾. 内蒙古羊草草原碳通量观测及其驱动机制分析[D]. 北京: 中国科学院研究生院(植物研究所), 2006.

[47] Friend A, Arneth A, Kiang N, et al. FLUXNET and Modelling the Global Carbon Cycle [J]. Global Change Biology, 2007, 13(3): 610-633.

[48] 石浩, 王绍强, 黄昆, 等. PnET-CN 模型对东亚森林生态系统碳通量模拟的适用性和不确定性分析[J]. 自然资源学报, 2014, 29(9): 1453-1464.

[49] Lindroth A, Grelle A, Morén A S. Long Term Measurements of Boreal Forest Carbon Balance Reveal Large Temperature Sensitivity[J]. Global Change Biology, 1998, 4(4): 443-450.

[50] 王文杰, 于景华, 毛子军, 等. 森林生态系统 CO_2 通量的研究方法及研究进展[J]. 生态学杂志, 2003, 22(5): 102-107.

[51] 于贵瑞. 中国陆地生态系统通量观测研究网络(ChinaFLUX)的建设和发展[J]. 科技与产业化, 2007(1): 110-111.

[52] 米娜, 于贵瑞, 温学发, 等. 中国通量观测网络(ChinaFLUX)通量观测空间代表性初步研究[J]. 中国科学, D 辑: 地球科学, 2006(S1): 22-33.

[53] 王文杰, 石福臣, 祖元刚, 等. 陆地生态系统二氧化碳通量网的建设和发展[J]. 东北林业大学学报, 2002(04): 57-61.

[54] 赵仲辉. 亚热带杉木林生态系统与大气间的碳通量研究[D]. 长沙: 中南林业科技大学, 2011.

[55] 蒋有绪. 中国森林生态系统结构与功能规律研究——国家自然科学基金重大项目期中论文集[M]. 北京: 中国林业出版社, 1996.

[56] 沈文清. 江西千烟洲人工针叶林生态系统碳收支研究[D]. 北京: 北京林业大学, 2006.

[57] 朱治林, 孙晓敏, 温学发, 等. 中国通量网(ChinaFLUX)夜间 CO_2 涡度相关通量数据处理方法研究[J]. 中国科学：地球科学, 2006(S1)：34-44.

[58] 贾文晓, 刘敏, 佘倩楠, 等. 基于 FLUXNET 观测数据与 VPM 模型的森林生态系统光合作用关键参数优化及验证[J]. 应用生态学报, 2016, 27(4)：1095-1102.

[59] 李春, 何洪林, 刘敏, 等. ChinaFLUX CO_2 通量数据处理系统与应用[J]. 地球信息科学学报, 2008, 10(5)：557-565.

[60] 楚良海. 黄土塬区通量数据的质量评价及空间代表性研究[D]. 咸阳：西北农林科技大学, 2009.

[61] 中国科学院碳循环项目办公室. 中国陆地生态系统通量观测网络研究进展[J]. 资源科学, 2005, 27(1)：160.

[62] 张乾, 居为民, 杨风亭, 等. 森林冠层多角度高光谱观测系统的实现与分析[J]. 南京林业大学学报(自然科学版), 2016, 40(3)：101-107.

[63] Alexandrov G A, Oikawa T, Yamagata Y. The Scheme for Globalization of a Process-based Model Explaining Gradations in Terrestrial NPP and Its Application [J]. Ecological Modelling, 2002, 148(3)：293-306.

[64] W C, W K D, A B. Comparing Global Models of Terrestrial Net Primary Productivity (NPP)：Overview and Key Results. [J]. Global Change Biology, 1999, s1(5)：1-15.

[65] 陈镜明, 等. 全球陆地碳汇的遥感和优化计算方法[M]. 北京：科学出版社, 2015.

[66] Xin Y, Wang M, Yao H. The Climatic-Induced Net Carbon Sink by Terrestrial Biosphere over 1901-1995[J]. Advances in Atmospheric Sciences, 2001, 18(6)：1192-1206.

[67] 彭懿. 海南岛西部橡胶人工林生态系统植物亚系统碳汇功能研究[D]. 海口：海南大学, 2010.

[68] 冯险峰, 刘高焕, 陈述彭, 等. 陆地生态系统净第一性生产力过程模型研究综述[J]. 自然资源学报, 2004(3)：369-378.

[69] 王旭峰, 马明国, 姚辉. 动态全球植被模型的研究进展[J]. 遥感技术与应用, 2009(2)：246-251.

[70] Peng S, Zhang G, Liu X. A Review of Ecosystem Simulation Models[J]. Journal of Tropical & Subtropical Botany, 2005, 13(1)：85-94.

[71] Notaro M, Liu Z. Potential Impact of the Eurasian Boreal Forest on North Pacific Climate Variability[J]. Journal of Climate, 2007, 20(20)：981-992.

[72] 刘春雨. 省域生态系统碳源/汇的时空演变及驱动机制[D]. 兰州：兰州大学, 2015.

[73] 于颖. 基于 InTEC 模型东北森林碳源/汇时空分布研究[D]. 哈尔滨：东北林业大学, 2013.

[74] 杨金明, 范文义. 基于过程模型的森林流域的实际蒸散发研究[J]. 安徽农业科学, 2013(35)：13674-13677.

[75] 卢伟, 范文义, 田甜. 不同步长尺度下 BEPS 碳循环模型的协同应用[J]. 应用生态学报, 2016(9)：2771-2778.

[76] 卢伟, 范文义, 田甜. 基于东北温带落叶阔叶林通量数据的 BEPS 模型参数优化[J].

应用生态学报, 2016, 27(5): 1353-1358.

[77] 卢伟, 范文义. 中小区域尺度时间序列林地 LAI 快速估测方法[J]. 农业工程学报, 2016(5): 188-193.

[78] 陈晨. 森林碳循环模型参数优化研究[D]. 哈尔滨: 东北林业大学, 2016.

[79] 张娜, 于振良, 赵士洞. 长白山植被蒸腾量空间变化特征的模拟[J]. 资源科学, 2001, 23(6): 91-1018.

[80] 张娜, 于贵瑞, 于振良, 等. 基于 3S 的自然植被光能利用率的时空分布特征的模拟[J]. 植物生态学报, 2003, 27(3): 325-336.

[81] 张娜, 于贵瑞, 于振良, 等. 基于景观尺度过程模型的长白山净初级生产力空间分布影响因素分析[J]. 应用生态学报, 2003, 14(5): 659-664.

[82] 闫敏. 森林生态系统碳通量多模式模拟与动态分析[D]. 北京: 中国林业科学研究院, 2016.

[83] 高艳妮, 于贵瑞, 闫慧敏, 等. 青藏高原净生态系统碳交换量的遥感评估模型研究[J]. 第四纪研究, 2014, 34(4): 788-794.

[84] 陈静清, 闫慧敏, 王绍强, 等. 中国陆地生态系统总初级生产力 VPM 遥感模型估算[J]. 第四纪研究, 2014, 34(4): 732-742.

[85] 苑全治. 气候变化下中国陆地生态系统的脆弱性研究[D]. 北京: 中国科学院研究生院, 2011.

[86] 王萍. 基于 IBIS 模型的东北森林净第一性生产力模拟[J]. 生态学报, 2009, 29(6): 3213-3220.

[87] 郭丽娟. 东北东部森林碳循环过程的集水区尺度模拟[D]. 哈尔滨: 东北林业大学, 2013.

[88] Bachelet D, Neilson R P, Lenihan J M, et al. Climate Change Effects on Vegetation Distribution and Carbon Budget in the United States [J]. Ecosystems, 2001, 4(3): 164-185.

[89] 吕爱锋. 火干扰与生态系统碳循环——区域分析与模拟[D]. 北京: 中国科学院地理科学与资源研究所, 2006.

[90] 胡海清, 魏书精, 孙龙, 等. 气候变化、火干扰与生态系统碳循环[J]. 干旱区地理, 2013(1): 57-75.

[91] 李明泽, 王斌, 范文义, 等. 东北林区 NPP 及林火干扰影响的定量模拟研究[J]. 植物生态学报, 2015, 39(4): 322-332.

[92] 王强. 基于多源遥感数据估测林火参数的研究[D]. 哈尔滨: 东北林业大学, 2012.

[93] 张瑶. 大兴安岭 26 年间林火对森林植被碳收支的影响[D]. 哈尔滨: 东北林业大学, 2009.

[94] 郭殿繁. 基于多源遥感的火烧迹地森林恢复研究[D]. 哈尔滨: 哈尔滨师范大学, 2016.

[95] 韩士杰, 王庆贵. 北方森林生态系统对全球气候变化的响应研究进展[J]. 北京林业大学学报, 2016(4): 1-20.

[96] Chen J, Chen W, Liu J, et al. Annual Carbon Balance of Canada's Forests during 1895-1996[J]. Global Biogeochemical Cycles, 2000, 14(3): 839-850.

[97] Baret F, Morissette J T, Fernandes R A, et al. Evaluation of the Representativeness of Networks of Sites for the Global Validation and Intercomparison of Land Biophysical Products: Proposition of the CEOS-BELMANIP[J]. IEEE Transactions on Geoscience & Remote Sensing, 2006, 44(7): 1794-1803.

[98] 齐述华, 王军邦, 张庆员, 等. 利用 MODIS 遥感影像获取近地层气温的方法研究[J]. 遥感学报, 2005, 9(5): 570-575.

[99] 田国良, 柳钦火, 陈良富. 热红外遥感[M]. 第 2 版. 北京: 电子工业出版社, 2014.

[100] 焦志敏. 植被叶面积指数遥感反演及空间尺度转换研究[D]. 北京: 北京林业大学, 2014.

[101] 乔平林, 张继贤, 王翠华. 应用 AMSR-E 微波遥感数据进行土壤湿度反演[J]. 中国矿业大学学报, 2007, 36(2): 262-265.

[102] 郭庆华, 刘瑾, 陶胜利, 等. 激光雷达在森林生态系统监测模拟中的应用现状与展望[J]. 科学通报, 2014(6): 459-478.

[103] 孙睿, 朱启疆. 中国陆地植被净第一性生产力及季节变化研究[J]. 地理学报, 2000(1): 36-45.

[104] 郑元润, 周广胜. 基于 NDVI 的中国天然森林植被净第一性生产力模型[J]. 植物生态学报, 2000, 24(1): 9-12.

[105] 郭志华, 彭少麟, 王伯荪. 基于 NOAA-AVHRR NDVI 和 GIS 的广东植被光能利用率及其时空格局[J]. 植物学报(英文版), 2001, 43(8): 857-862.

[106] 朱文泉, 潘耀忠, 张锦水. 中国陆地植被净初级生产力遥感估算[J]. 植物生态学报, 2007(3): 413-424.

[107] 陈利军, 刘高焕, 励惠国. 中国植被净第一性生产力遥感动态监测[J]. 遥感学报, 2002, 6(2): 129-135.

[108] 仲晓春, 陈雯, 刘涛, 等. 2001—2010 年中国植被 NPP 的时空变化及其与气候的关系[J]. 中国农业资源与区划, 2016, 37(9): 16-22.

[109] 梁顺林. 全球陆表特征参量数据产品生成技术[J]. 科技资讯, 2016, 14(1): 173-174.

[110] 王军邦. 中国陆地净生态系统生产力遥感模型研究[D]. 杭州: 浙江大学, 2004.

[111] Sims P L, Bradford J A. Carbon Dioxide Fluxes in a Southern Plains Prairie[J]. Agricultural & Forest Meteorology, 2001, 109(2): 117-134.

[112] 王军邦, 刘纪远, 邵全琴, 等. 基于遥感-过程耦合模型的 1988—2004 年青海三江源区净初级生产力模拟[J]. 植物生态学报, 2009, 33(2): 254-269.

[113] 杨玉盛, 董彬, 谢锦升, 等. 森林土壤呼吸及其对全球变化的响应[J]. 生态学报, 2004, 24(3): 583-591.

[114] 王海云, 陈媛, 于洋. 基于地理国情普查的佛山植被碳汇能力评估[J]. 地理空间信息, 2016, 14(7): 30-34.

[115]赵志平, 吴晓莆, 李果, 等. 2009—2011 年我国西南地区旱灾程度及其对植被净初级生产力的影响[J]. 生态学报, 2015, 35(2): 350-360.

[116]李洁, 张远东, 顾峰雪, 等. 中国东北地区近 50 年净生态系统生产力的时空动态[J]. 生态学报, 2014, 34(6): 1490-1502.

[117]石志华. 基于 CASA 与 GSMSR 模型的陕西省植被碳汇时空模拟及影响因素研究[D]. 咸阳: 西北农林科技大学, 2015.

[118]Dixon R K, Solomon A M, Brown S, et al. Carbon Pools and Flux of Global Forest Ecosystems[J]. Science, 1994, 263(5144): 185.

[119]Fang J, Chen A, Peng C, et al. Changes in Forest Biomass Carbon Storage in China between 1949 and 1998. [J]. Science, 2001, 292(5525): 2320-2322.

[120]张丽景. 基于 MODIS 影像和通量塔数据模拟浙江安吉毛竹林总初级生产力[D]. 杭州: 浙江农林大学, 2013.

[121]Potter C, Klooster S, Carvalho C R, et al. Modeling Seasonal and Interannual Variability in Ecosystem Carbon Cycling for the Brazilian Amazon Region[J]. Journal of Geophysical Research Atmospheres, 2001, 106(D10): 10423-10446.

[122]Tate K R, Scott N A, Parshotam A, et al. A Multi-scale Analysis of a Terrestrial Carbon Budget: is New Zealand a Source or Sink of Carbon? [J]. Agriculture Ecosystems & Environment, 2000, 82(1): 229-246.

[123]Nowak R S, Ellsworth D S, Smith S D. Functional Responses of Plants to Elevated Atmospheric CO_2: Do Photosynthetic and Productivity Data from FACE Experiments Support Early Predictions? [J]. New Phytologist, 2004, 162(2): 253-280.

[124]Norby R J, Delucia E H, Gielen B, et al. Forest Response to Elevated CO_2 is Conserved across a Broad Range of Productivity [J]. Proceedings of the National Academy of Sciences, 2005, 102(50): 18052.

[125]Nemani R R, Keeling C D, Hashimoto H, et al. Climate-driven Increases in Global Terrestrial Net Primary Production from 1982 to 1999[J]. Science, 2003, 300(5625): 1560-1563.

[126]Running S W, Hunt Jr E R. 8-Generalization of a Forest Ecosystem Process Model for Other Biomes, BIOME-BGC, and an Application for Global-Scale Models [J]. Scaling Physiological Processes, 1993: 141-158.

[127] Running S W C J. A General Model of Forest Ecosystem Processes for Regional Applications. I. Hydrologic Balance, Canopy GAS Exchange and Primary Production Processes[J]. Ecological Modelling, 1988, 42(2): 125-154.

[128]Running S W, Gower S T. FOREST-BGC, A General Model of Forest Ecosystem Processes for Regional Applications. II. Dynamic Carbon Allocation and Nitrogen Budgets[J]. Tree Physiology, 1991, 9(12): 147.

[129]White M A, Thornton P E, Running S W, et al. Parameterization and Sensitivity Analysis of the BIOME-BGC Terrestrial Ecosystem Model: Net Primary Production Controls [J].

Earth Interactions, 2000, 4(3): 1-84.

[130] Kimball J S, Keyser A R, Running S W, et al. Regional Assessment of Boreal Forest Productivity Using an Ecological Process Model and Remote Sensing Parameter Maps[J]. Tree Physiology, 2000, 20(11): 761-755.

[131] Kimball J S, Jones L A, Zhang K, et al. A Satellite Approach to Estimate Land-Atmosphere Exchange for Boreal and Arctic Biomes Using MODIS and AMSR-E[J]. IEEE Transactions on Geoscience & Remote Sensing, 2009, 47(2): 569-587.

[132] Kang S, Kimball J S, Running S W. Simulating Effects of Fire Disturbance and Climate Change on Boreal Forest Productivity and Evapotranspiration[J]. Science of the Total Environment, 2006, 362(1-3): 85-102.

[133] Schmid S, Thurig E, Kaufmann E, et al. Effect of Forest Management on Future Carbon Pools and Fluxes: A Model Comparison[J]. Forest Ecology & Management, 2006, 237 (1-3): 65-82.

[134] Aguilos M, Takagi K, Liang N, et al. Dynamics of Ecosystem Carbon Balance Recovering from a Clear-cutting in a Cool-temperate Forest[J]. Agricultural & Forest Meteorology, 2014, 197(6): 26-39.

[135] Chiesi M, Maselli F, Bindi M, et al. Modelling Carbon Budget of Mediterranean Forests Using Ground and Remote Sensing Measurements[J]. Agricultural & Forest Meteorology, 2005, 135(1-4): 22-34.

[136] Ueyama M, Ichii K, Hirata R, et al. Simulating Carbon and Water Cycles of Larch Forests in East Asia by the BIOME-BGC Model with AsiaFlux Data [J]. Biogeosciences Discussions, 2010, 7(3): 959-977.

[137] Ueyama M, Kai A, Ichii K, et al. The Sensitivity of Carbon Sequestration to Harvesting and Climate Conditions in a Temperate Cypress Forest: Observations and Modeling[J]. Ecological Modelling, 2011, 222(17): 3216-3225.

[138] Engstrom R, Hope A, Kwon H, et al. Modeling Evapotranspiration in Arctic Coastal Plain Ecosystems Using a Modified BIOME-BGC Model[J]. Journal of Geophysical Research, 2015, 111(G2): 650-664.

[139] Machimura T, Miyauchi T, Kondo S, et al. Modified Soil Hydrological Schemes for Process-based Ecosystem Model Biome-BGC[J]. Hydrological Research Letters, 2016, 10 (1): 15-20.

[140] Keyser A R, Kimball J S, Nemani R R, et al. Simulating the Effects of Climate Change on the Carbon Balance of North American High-Latitude Forests[J]. Global Change Biology, 2000, 6(1): 185-195.

[141] Tatarinov F A, Cienciala E. Application of BIOME-BGC Model to Managed Forests : Sensitivity Analysis[J]. Forest Ecology & Management, 2007, 237(1-3): 267-279.

[142] Cienciala E, Tatarinov F A. Application of BIOME-BGC Model to Managed Forests: 2. Comparison with Long-term Observations of Stand Production for Major Tree Species[J].

Forest Ecology & Management, 2006, 237(1): 252-266.

[143] Bond-Lamberty B, Peckham S D, Gower S T, et al. Effects of Fire on Regional Evapotranspiration in the Central Canadian Boreal Forest[J]. Global Change Biology, 2009, 15(5): 1242-1254.

[144] Bondlamberty B, Gower S T, Ahl D E, et al. Reimplementation of the Biome-BGC Model to Simulate Successional Change[J]. Tree Physiology, 2005, 25(4): 413-424.

[145] Bondlamberty B, Gower S T, Ahl D E. Improved Simulation of Poorly Drained Forests Using Biome-BGC[J]. Tree Physiology, 2007, 27(5): 703.

[146] Lagergren F, Grelle A, Lankreijer H, et al. Current Carbon Balance of the Forested Area in Sweden and Its Sensitivity to Global Change as Simulated by Biome-BGC [J]. Ecosystems, 2006, 9(6): 894-908.

[147] Thornton P E, Law B E, Gholz H L, et al. Modeling and Measuring the Effects of Disturbance History and Climate on Carbon and Water Budgets in Evergreen Needleleaf Forests[J]. Agricultural & Forest Meteorology, 2003, 113(1-4): 185-222.

[148] Law B E, Turner D, Campbell J, et al. Disturbance and Climate Effect on Carbon Stocks and Fluxes Across Western Oregon USA[J]. Global Change Biology, 2004, 10(9): 1429-1444.

[149] Turner D P, Guzy M, Lefsky M A, et al. Effects of Land Use and Fine-scale Environmental Heterogeneity on Net Ecosystem Production over a Temperate Coniferous Forest Landscape[J]. Tellus Series B-chemical & Physical Meteorology, 2003, 55(2): 657-668.

[150] 苏宏新, 李广起. 模拟蒙古栎林生态系统碳收支对非对称性升温的响应[J]. 科学通报, 2012(17): 1544-1552.

[151] 董明伟, 喻梅. 沿水分梯度草原群落 NPP 动态及对气候变化响应的模拟分析[J]. 植物生态学报, 2008, 32(3): 531-543.

[152] 范敏锐, 余新晓, 张振明, 等. CO_2 倍增和气候变化对北京山区栓皮栎林 NPP 影响研究[J]. 生态环境学报, 2010, 26(6): 1278-1283.

[153] 范敏锐. 北京山区森林生态系统净初级生产力对气候变化的响应[D]. 北京: 北京林业大学, 2011.

[154] 范敏锐, 余新晓, 张振明, 等. 北京山区油松林净初级生产力对气候变化情景的响应[J]. 东北林业大学学报, 2010, 38(11): 46-48.

[155] 何丽鸿, 王海燕, 王璐, 等. 长白落叶松林生态系统净初级生产力对气候变化的响应[J]. 北京林业大学学报, 2015, 37(9): 28-36.

[156] 何丽鸿, 王海燕, 雷相东. 基于 BIOME-BGC 模型的长白落叶松林净初级生产力模拟参数敏感性[J]. 应用生态学报, 2016, 27(2): 412-420.

[157] 吴玉莲, 王襄平, 李巧燕, 等. 长白山阔叶红松林净初级生产力对气候变化的响应: 基于 BIOME-BGC 模型的分析[J]. 北京大学学报(自然科学版), 2014, 50(3): 577-586.

[158]胡波,孙睿,陈永俊,等.遥感数据结合 Biome-BGC 模型估算黄淮海地区生态系统生产力[J].自然资源学报,2011(12):2061-2071.

[159]张廷龙,孙睿,胡波,等.改进 Biome-BGC 模型模拟哈佛森林地区水、碳通量[J].生态学杂志,2011,30(9):2099-2106.

[160]张廷龙,孙睿,胡波,等.利用模拟退火算法优化 Biome-BGC 模型参数[J].生态学杂志,2011,30(2):408-414.

[161]张廷龙,孙睿,张荣华,等.基于数据同化的哈佛森林地区水、碳通量模拟[J].应用生态学报,2013,24(10):2746-2754.

[162]刘秋雨,张廷龙,孙睿,等.Biome-BGC 模型参数的敏感性和时间异质性[J].生态学杂志,2017,36(3):869-877.

[163]王李娟,牛铮,旷达.基于 MODIS 数据的2002—2006年中国陆地 NPP 分析[J].国土资源遥感,2010(4):113-116.

[164]朱文泉,潘耀忠,何浩,等.中国典型植被最大光利用率模拟[J].科学通报,2006,51(6):700-706.

[165]董文娟,齐晔,李惠民,等.植被生产力的空间分布研究——以黄河小花间卢氏以上流域为例[J].地理与地理信息科学,2005,21(3):105-108.

[166]裴凤松,黎夏,刘小平,等.城市扩张驱动下植被净第一性生产力动态模拟研究——以广东省为例[J].地球信息科学学报,2015,17(4):469-477.

[167]孙政国,陈奕兆,居为民,等.我国南方不同类型草地生产力及对气候变化的响应[J].长江流域资源与环境,2015,24(4):609-616.

[168]穆少杰,周可新,陈奕兆,等.内蒙古典型草原不同群落净生态系统生产力的动态变化[J].生态学杂志,2014,33(4):885-895.

[169]韩其飞,罗格平,李超凡,等.基于 Biome-BGC 模型的天山北坡森林生态系统碳动态模拟[J].干旱区研究,2014,31(3):375-382.

[170]亓伟伟,牛海山,汪诗平,等.增温对青藏高原高寒草甸生态系统固碳通量影响的模拟研究[J].生态学报,2012,32(6):1713-1722.

[171]王勤学,渡边正孝,欧阳竹,等.不同类型生态系统水热碳通量的监测与研究[J].地理学报,2004,59(1):13-24.

[172]曾慧卿,刘琪璟,冯宗炜,等.基于 BIOME-BGC 模型的红壤丘陵区湿地松(Pinus elliottii)人工林 GPP 和 NPP[J].生态学报,2008,28(11):5314-5321.

[173]李宗善,刘国华,伍星,等.川西米亚罗地区岷江冷杉林过去223年森林净初级生产力重建[J].第四纪研究,2014,34(4):830-847.

[174]彭俊杰,何兴元,陈振举,等.华北地区油松林生态系统对气候变化和 CO_2 浓度升高的响应——基于 BIOME-BGC 模型和树木年轮的模拟[J].应用生态学报,2012,23(7):1733-1742.

[175]李雪建,毛方杰,杜华强,等.双集合卡尔曼滤波 LAI 同化结合 BEPS 模型的竹林生态系统碳通量模拟[J].应用生态学报,2016,27(12):3797-3806.

[176]王超,延晓冬,黄耀,等.应用 BIOME-BGC 模型研究典型生态系统的潜热通量——

半干旱地区吉林通榆的模拟[J]. 气候与环境研究, 2006, 11(3): 404-412.

[177] Meigs G W, Turner D P, Ritts W D, et al. Landscape-scale Simulation of Heterogeneous Fire Effects on Pyrogenic Carbon Emissions, Tree Mortality, and Net Ecosystem Production [J]. Ecosystems, 2011, 14(5): 758-775.

[178] Zhang K, Kimball J S, Nemani R R, et al. Vegetation Greening and Climate Change Promote Multidecadal Rises of Global Land Evapotranspiration [J]. Scientific Reports, 2015, 5(2): 75-77.

[179] Churkina G, Tenhunen J, Thornton P, et al. Analyzing the Ecosystem Carbon Dynamics of Four European Coniferous Forests Using a Biogeochemistry Model [J]. Ecosystems, 2003, 6(2): 168-184.

[180] Coops N C, Waring R H, Brown S R, et al. Comparisons of Predictions of Net Primary Production and Seasonal Patterns in Water Use Derived with Two Forest Growth Models in Southwestern Oregon [J]. Ecological Modelling, 2001, 142(1-2): 61-81.

[181] 李世华, 牛铮, 李壁成. 植被净第一性生产力遥感过程模型研究[J]. 水土保持研究, 2005, 12(3): 126-128.

[182] 杨阔, 王传宽, 焦振. 东北东部5种温带森林的春季土壤呼吸[J]. 生态学报, 2010, 30(12): 3155-3162.

[183] 苏宏新, 桑卫国. 山地小气候模拟研究进展[J]. 植物生态学报, 2002, 26(z1): 107-114.

[184] Bonan G B, Levis S, Kergoat L, et al. Landscapes as Patches of Plant Functional Types: An Integrating Concept for Climate and Ecosystem Models [J]. Global Biogeochemical Cycles, 2002, 16(2): 1-5.

[185] 谢军飞, 许蕊. 基于 MODIS 数据的北京植被叶面积指数的时空变化[J]. 生态学杂志, 2014(05): 1374-1380.

[186] Ran Y H, Li X, Lu L, et al. Large-scale Land Cover Mapping with the Integration of Multi-source Information Based on the Dempster-Shafer Theory [J]. International Journal of Geographical Information Science, 2012, 26(1): 169-191.

[187] 陈晨, 沃文伟, 范文义. 森林生态系统碳循环模型参数优化[J]. 东北林业大学学报, 2016, 44(5): 15-19.

[188] 焦振, 王传宽, 王兴昌. 温带落叶阔叶林冠层 CO_2 浓度的时空变异[J]. 植物生态学报, 2011, 35(5): 512-522.

[189] 王静, 王兴昌, 王传宽. 基于不同浓度变量的温带落叶阔叶林 CO_2 储存通量的误差分析[J]. 应用生态学报, 2013, 24(4): 975-982.

[190] Jones H G. Plants and Microclimate [J]. Ecology, 1992, 65(5): 1701-1702.

[191] Thornton P E, Running S W. An Improved Algorithm for Estimating Incident Daily Solar Radiation from Measurements of Temperature, Humidity and Precipitation [J]. Agricultural & Forest Meteorology, 1999, 93(4): 211-228.

[192] Farquhar G D, Caemmerer S V, Berry J A. A Biochemical Model of Photosynthetic CO_2

Assimilation in Leaves of C3 Species[J]. Planta, 1980, 149(1): 78-90.

[193] Farquhar G D, Caemmerer S V. Modelling of Photosynthetic Response to Environmental Conditions[M]. Berlin, Heidelberg: Springer, 1982.

[194] De P D, Farquhar G D, Dgg D P. Simple Scaling of Photosynthesis from Leaves to Canopies without the Errors of Big-leaf Models[J]. Plant Cell & Environment, 1997, 20 (5): 537-557.

[195] Woodrow, I E, Berry J A. Enzymatic Regulation of Photosynthetic CO_2, Fixation in C3 Plants[J]. Annual Review of Plant Biology, 2003, 39(1): 533-594.

[196] Davies W J, Wilkinson S, Loveys B. Stomatal Control by Chemical Signalling and the Exploitation of This Mechanism to Increase Water Use Efficiency in Agriculture[J]. New Phytologist, 2002, 153(3): 449-460.

[197] Mott K A. Opinion: Stomatal Responses to Light and CO_2 Depend on the Mesophyll[J]. Plant Cell & Environment, 2009, 32(11): 1479-1486.

[198] Leuning R. Modelling Stomatal Behaviour and Photosynthesis of Eucalyptus Grandis[J]. Functional Plant Biology, 1990, 17(2): 159-175.

[199] Leuning R. A Critical Appraisal of a Combined Stomatal-Photosynthesis Model for C3 Plants[J]. Plant Cell & Environment, 1995, 18(4): 339-355.

[200] Ryan M G. Effects of Climate Change on Plant Respiration[J]. Ecological Applications, 1991, 1(2): 157-167.

[201] Ichii K, Hashimoto H, Nemani R, et al. Modeling the Interannual Variability and Trends in Gross and Net Primary Productivity of Tropical Forests from 1982 to 1999[J]. Global & Planetary Change, 2005, 48(4): 274-286.

[202] 冯宗炜. 中国森林生态系统的生物量和生产力[M]. 北京: 科学出版社, 1999.

[203] 高伟, 周丰, 董延军, 等. 基于 PEST 的 HSPF 水文模型多目标自动校准研究[J]. 自然资源学报, 2014(5): 855-867.

[204] Friend A, Arneth A, Kiang N, et al. FLUXNET and Modelling the Global Carbon Cycle [J]. Global Change Biology, 2007, 13(3): 610-633.

[205] Williams M, Schwarz P A, Law B E, et al. An Improved Analysis of Forest Carbon Dynamics Using Data Assimilation[J]. Global Change Biology, 2005, 11(1): 89-105.

[206] Demarty J, Chevallier F, Friend A D, et al. Assimilation of Global MODIS Leaf Area Index Retrievals within a Terrestrial Biosphere Model[J]. Geophysical Research Letters, 2007, 34(15): 547-562.

[207] Chen M, Liu S, Tieszen L L, et al. An Improved State-parameter Analysis of Ecosystem Models Using Data Assimilation[J]. Ecological Modelling, 2008, 219(3-4): 317-326.

[208] Wang Y P, Trudinger C M, Enting I G. A Review of Applications of Model-data Fusion to Studies of Terrestrial Carbon Fluxes at Different Scales [J]. Agricultural & Forest Meteorology, 2009, 149(11): 1829-1842.

[209] Zhang L, Luo Y, Yu G, et al. Estimated Carbon Residence Times in Three Forest

Ecosystems of Eastern China: Applications of Probabilistic Inversion [J]. Journal of Geophysical Research-Biogeosciences, 2010, 115(G1): 137-147.

[210] Zhou Y, Ju W, Sun X, et al. Close Relationship between Spectral Vegetation Indices and V cmax in Deciduous and Mixed Forests [J]. Tellus Series B-Chemical and Physical Meteorology, 2014, 66(66): 859-876.

[211] Zhou Y, Wu X, Ju W, et al. Global Parameterization and Validation of a Two-Leaf Light Use Efficiency Model for Predicting Gross Primary Production Across FLUXNET Sites[J]. Journal of Geophysical Research Biogeosciences, 2016, 121(4): 1045-1072.

[212] Seidel S J, Rachmilevitch S, Schütze N, et al. Modelling the Impact of Drought and Heat Stress on Common Bean with Two Different Photosynthesis Model Approaches [J]. Environmental Modelling & Software, 2016, 81: 111-121.

[213] Liu S, Anderson P, Zhou G, et al. Resolving Model Parameter Values from Carbon and Nitrogen Stock Measurements in a Wide Range of Tropical Mature Forests Using Nonlinear Inversion and Regression Trees[J]. Ecological Modelling, 2008, 219(3-4): 327-341.

[214] Trudinger C M, Raupach M R, Rayner P J, et al. OptIC Project: An Intercomparison of Optimization Techniques for Parameter Estimation in Terrestrial Biogeochemical Models [J]. Journal of Geophysical Research Biogeosciences, 2007, 112(G2): 478-490.

[215] Chen J M, Liu J, Cihlar J, et al. Daily Canopy Photosynthesis Model Through Temporal and Spatial Scaling for Remote Sensing Applications[J]. Ecological Modelling, 1999, 124 (2-3): 99-119.

[216] Mo X, Chen J M, Ju W, et al. Optimization of Ecosystem Model Parameters Through Assimilating Eddy Covariance Flux Data with an Ensemble Kalman Filter[J]. Ecological Modelling, 2008, 217(1): 157-173.

[217] 孙美, 张晓琳, 冯绍元, 等. 基于 PEST 的 RZWQM2 模型参数优化与验证[J]. 农业机械学报, 2014(11): 146-153.

[218] 王建梅, 覃文忠. 基于 L-M 算法的 BP 神经网络分类器[J]. 武汉大学学报(信息科学版), 2005, 30(10): 928-931.

[219] Iskra I, Droste R. Application of Non-Linear Automatic Optimization Techniques for Calibration of HSPF[J]. Water Environment Research, 2007, 79(6): 647-659.

[220] Skahill B E, Baggett J S, Frankenstein S, et al. More Efficient PEST Compatible Model Independent Model Calibration[J]. Environmental Modelling & Software, 2009, 24(4): 517-529.

[221] 梁浩, 胡克林, 李保国. 基于 PEST 的土壤-作物系统模型参数优化及灵敏度分析[J]. 农业工程学报, 2016(3): 78-85.

[222] Goegebeur M, Pauwels V R N. Improvement of the PEST Parameter Estimation Algorithm Through Extended Kalman Filtering[J]. Journal of Hydrology, 2007, 337(3): 436-451.

[223] Rafique R, Kumar S, Luo Y, et al. An Algorithmic Calibration Approach to Identify Globally Optimal Parameters for Constraining the DayCent Model [J]. Ecological

Modelling, 2015, 297: 196-200.

[224] 房全孝. 根系水质模型中土壤与作物参数优化及其不确定性评价[J]. 农业工程学报, 2012, 28(10): 118-123.

[225] Reichle R H, Koster R D, Liu P, et al. Comparison and Assimilation of Global Soil Moisture Retrievals from the Advanced Microwave Scanning Radiometer for the Earth Observing System (AMSR-E) and the Scanning Multichannel Microwave Radiometer (SMMR)[J]. Journal of Geophysical Research Atmospheres, 2007, 112(D9): 139-155.

[226] 马建文, 秦思娴. 数据同化算法研究现状综述[J]. 地球科学进展, 2012, 27(7): 747-757.

[227] Evensen G. The Ensemble Kalman Filter: Theoretical Formulation and Practical Implementation[J]. Ocean Dynamics, 2003, 53(4): 343-367.

[228] 马建文. 数据同化算法研发与实验[M]. 北京: 科学出版社, 2013.

[229] Anderson J L. An Ensemble Adjustment Kalman Filter for Data Assimilation[J]. Monthly Weather Review, 2001, 129(12): 2884-2903.

[230] Burgers G, Leeuwen P J V, Evensen G. Analysis Scheme in the Ensemble Kalman Filter [J]. Monthly Weather Review, 1998, 126(6): 1719-1724.

[231] Myrseth I, Sætrom J, Omre H. Resampling the Ensemble Kalman Filter[J]. Computers & Geosciences, 2013, 55(2): 44-53.

[232] Ott E, Hunt B R, Szunyogh I, et al. A Local Ensemble Kalman Filter for Atmospheric Data Assimilation[J]. Tellus Series A-dynamic Meteorology & Oceanography, 2004, 56 (5): 415-428.

[233] Reichle R H, Walker J P, Koster R D, et al. Extended Versus Ensemble Kalman Filtering for Land Data Assimilation[J]. Journal of Hydrometeorology, 2002, 3(6): 728.

[234] Jafarpour B, Tarrahi M. Assessing the Performance of the Ensemble Kalman Filter for Subsurface Flow Data Integration Under Variogram Uncertainty [J]. Water Resources Research, 2011, 47(47): 143-158.

[235] Evensen G. Sequential Data Assimilation with a Nonlinear Quasi-geostrophic Model Using Monte Carlo Methods to Forecast Error Statistics [J]. Journal of Geophysical Research Oceans, 1994, 99(C5): 10143-10162.

[236] Richardson A D, Mahecha M D, Falge E, et al. Statistical Properties of Random CO_2 Flux Measurement Uncertainty Inferred from Model Residuals [J]. Agricultural & Forest Meteorology, 2008, 148(1): 38-50.

[237] Santaren D, Peylin P, Viovy N, et al. Optimizing a Process-based Ecosystem Model with Eddy-covariance Flux Measurements: A Pine Forest in Southern France [J]. Global Biogeochemical Cycles, 2007, 21(2): 185-194.

[238] Running S W, Nemani R R, Hungerford R D. Extrapolation of Synoptic Meteorological Data in Mountainous Terrain and Its Use for Simulating Forest Evapotranspiration and Photosynthesis [J]. Canadian Journal of Forest Research, 1987, 17(2): 135-136.

［239］Kimball J S, Running S W, Nemani R. An Improved Method for Estimating Surface Humidity from Daily Minimum Temperature[J]. Agricultural & Forest Meteorology, 1997, 85(1-2)：87-98.

［240］李海涛, 沈文清, 夏军. MTCLIM 模型系列研究报告(1)：温度估算方法在中国亚热带山地的有效性验证[J]. 山地学报, 2003, 21(4)：385-394.

［241］李海涛, 沈文清, 夏军. MTCLIM 模型系列研究报告(2)：湿度估算方法在中国亚热带山地的有效性验证[J]. 山地学报, 2003, 21(4)：395-401.

［242］李海涛, 夏军, 沈文清, 等. MTCLIM 模型系列研究报告(3)：辐射估算方法在我国亚热带山地的有效性验证[J]. 山地学报, 2003, 21(5)：537-541.

［243］李海涛, 夏军, 沈文清, 等. MTCLIM 模型系列研究报告(4)：辐射估算方法在我国南方亚热带山地的改进[J]. 山地学报, 2003, 21(5)：542-551.

［244］李海涛, 沈文清, 桑卫国, 等. MTCLIM 模型(山地小气候模拟模型)的研究现状及其潜在应用[J]. 山地学报, 2001, 19(6)：533-540.

［245］刘小平. 山地生态学研究进展[J]. 内蒙古科技与经济, 2010(18)：36-38.

［246］梅晓丹, 毛学刚, 范文义, 等. 基于改进的 MT-CLIM 模型的中高纬低山丘陵区太阳辐射模拟——以小兴安岭为例[J]. 测绘工程, 2015(6)：9-13.

［247］梅晓丹, 毛学刚, 范文义, 等. 基于 ArcGIS 的中温带不同天气类型点太阳辐射分析——以佳木斯市辖区为例[J]. 测绘工程, 2015(5)：24-28.

［248］Mei X, Fan W, Mao X. Analysis of Impact of Terrain Factors on Landscape-scale Solar Radiation[J]. International Journal of Smart Home, 2015, 9(10)：107-116.

［249］李贵才. 基于 MODIS 数据和光能利用率模型的中国陆地净初级生产力估算研究[D]. 北京：中国科学院研究生院(遥感应用研究所), 2004.

［250］陶波, 李克让, 邵雪梅, 等. 中国陆地净初级生产力时空特征模拟[J]. 地理学报, 2003(3)：372-380.

［251］罗天祥. 中国主要森林类型生物生产力格局及其数学模型[D]. 北京：中国科学院自然资源综合考察委员会, 1996.

［252］曹明奎, 陶波, 李克让, 等. 1981—2000 年中国陆地生态系统碳通量的年际变化(英文版)[J]. Journal of Integrative Plant Biology, 2003, 45(5)：552-560.

［253］李轩然, 孙晓敏, 张军辉, 等. 温度对中国典型森林生态系统碳通量季节动态及其年际变异的影响[J]. 第四纪研究, 2014, 34(4)：752-761.

［254］张一平, 沙丽清, 于贵瑞, 等. 热带季节雨林碳通量年变化特征及影响因子初探[J]. 中国科学：地球科学, 2006, 36(S1)：139-152.

［255］刘世荣, 徐德应, 王兵. 气候变化对中国森林生产力的影响Ⅰ. 中国森林现实生产力的特征及地理分布格局[J]. 林业科学研究, 1993(6)：633-642.

［256］刘世荣, 徐德应, 王兵. 气候变化对中国森林生产力的影响Ⅱ. 中国森林第一性生产力的模拟[J]. 林业科学研究, 1994(4)：425-430.

［257］刘世荣, 郭泉水, 王兵. 中国森林生产力对气候变化响应的预测研究[J]. 生态学报, 1998, 18(5)：478-483.

[258]苏宏新. 全球气候变化条件下新疆天山云杉林生长的分析与模拟[D]. 北京：中国科学院植物研究所，2005.

[259]蔡雪琪. 川西米亚罗林区林场水平森林生物量与生产力研究[D]. 北京：北京林业大学，2011.

[260]续珊珊. 中国森林碳汇问题研究：以黑龙江省森工国有林区为例[M]. 北京：经济科学出版社，2011.

[261]Black T A, Hartog G D, Neumann H, et al. Annual Cycles of CO_2 and Water Vapor Fluxes above and within a Boreal Aspen Stand[J]. Global Change Biology, 1996(2)：219-229.

[262]王苏颖. 云杉林生物量空间异质性研究[D]. 福州：福建师范大学，2010.

[263]Liu R, Yang L. Generation of New Cloud Masks from MODIS Land Surface Reflectance Products[J]. Remote Sensing of Environment, 2013, 133(12)：21-37.

[264]Marchant B, Platnick S, Meyer K, et al. MODIS Collection 6 Shortwave-derived Cloud Phase Classification Algorithm and Comparisons with CALIOP [J]. Atmospheric Measurement Techniques Discussions, 2015, 8(11)：11893-11924.

[265]Sims D A, Rahman A F, Cordova V D, et al. On the Use of MODIS EVI to Assess Gross Primary Productivity of North American Ecosystems[J]. Journal of Geophysical Research Biogeosciences, 2015, 111(G4)：695-702.

[266]Eckert S, Hüsler F, Liniger H, et al. Trend Analysis of MODIS NDVI Time Series for Detecting Land Degradation and Regeneration in Mongolia [J]. Journal of Arid Environments, 2014, 113(2)：16-28.

[267]Vågen T G, Winowiecki L A, Tondoh J E, et al. Mapping of Soil Properties and Land Degradation Risk in Africa Using MODIS Reflectance[J]. Geoderma, 2016, 263(5)：216-225.

[268]王军邦，牛铮，胡秉民，等. 定量遥感在生态学研究中的基础应用[J]. 生态学杂志，2004，23(2)：152-157.

[269]朱文泉，陈云浩，徐丹，等. 陆地植被净初级生产力计算模型研究进展[J]. 生态学杂志，2005，24(3)：296-300.

[270]王宗明，梁银丽. 植被净第一性生产力模型研究进展[J]. 西北林学院学报，2002，17(2)：22-25.

[271]孙堑，朱启疆. 陆地植被净第一性生产力的研究[J]. 应用生态学报，1999(6)：757-760.

[272]郭志华，彭少麟，王伯荪. 基于 GIS 和 RS 的广东陆地植被生产力及其时空格局[J]. 生态学报，2001，21(9)：1444-1449.

[273]于贵瑞，温学发，李庆康，等. 中国亚热带和温带典型森林生态系统呼吸的季节模式及环境响应特征[J]. 中国科学：地球科学，2004，34(S2)：84-94.

[274]刘允芬，宋霞，孙晓敏，等. 千烟洲人工针叶林 CO_2 通量季节变化及其环境因子的影响[J]. 中国科学：地球科学，2004(S2)：109-117.

[275]温学发, 于贵瑞, 孙晓敏, 等. 复杂地形条件下森林植被湍流通量测定分析[J]. 中国科学: 地球科学, 2004, 34(S2): 57-66.

[276]朱治林, 孙晓敏, 袁国富, 等. 非平坦下垫面涡度相关通量的校正方法及其在ChinaFLUX 中的应用[J]. 中国科学, 2004, 34(A02): 37-45.

[277]Running S W, Thornton P E, Nemani R, et al. Global Terrestrial Gross and Net Primary Productivity from the Earth Observing System[J]. Methods in Ecosystem Science, 2000: 44-57.

[278]Ichii K, Hashimoto H, Nemani R, et al. Modeling the Interannual Variability and Trends in Gross and Net Primary Productivity of Tropical Forests from 1982 to 1999[J]. Global & Planetary Change, 2005, 48(4): 274-286.

[279]Kimball J S, Mcdonald K C, Running S W, et al. Satellite Radar Remote Sensing of Seasonal Growing Seasons for Boreal and Subalpine Evergreen Forests[J]. Remote Sensing of Environment, 2004, 90(2): 243-258.

[280]鲁丰先, 张艳, 秦耀辰, 等. 中国省级区域碳源汇空间格局研究[J]. 地理科学进展, 2013, 32(12): 1751-1759.

[281]王绍强. 基于遥感和模型模拟的中国陆地生态系统碳收支[M]. 北京: 科学出版社, 2016.

[282]Meyer S C, Lin Y F, Roadcap G S. A Hybrid Framework for Improving Recharge and Discharge Estimation for a Three-dimensional Groundwater Flow Model[J]. Ground Water, 2012, 50(3): 457-463.

[283]Lasslop G, Reichstein M, Kattge J, et al. Influences of Observation Errors in Eddy Flux Data on Inverse Model Parameter Estimation[J]. Biogeosciences, 2008, 5(1): 751-785.

[284]李海涛, 沈文清, 刘琪璟, 等. 湿地生态系统的碳循环研究进展[J]. 江西科学, 2003, 21(3): 160-167.

[285]居为民, 方红亮, 田向军, 等. 基于多源卫星遥感的高分辨率全球碳同化系统研究[J]. 地球科学进展, 2016, 31(11): 1105-1110.

[286]Wang J, Dong J, Wang S, et al. Decreasing Net Primary Production Due to Drought and Slight Decreases in Solar Radiation in China from 2000 to 2012[J]. Journal of Geophysical Research Biogeosciences, 2017: 261-278.

[287]He M, Kimball J S, Running S, et al. Satellite Detection of Soil Moisture Related Water Stress Impacts on Ecosystem Productivity Using the MODIS-based Photochemical Reflectance Index[J]. Remote Sensing of Environment, 2016, 186: 173-183.

[288]Pietsch S A, Hasenauer H, Thornton P E. BGC-model Parameters for Tree Species Growing in Central European Forests[J]. Forest Ecology & Management, 2005, 211(3): 264-295.

[289]Verstraeten W W, Veroustraete F, Wagner W, et al. Remotely Sensed Soil Moisture Integration in an Ecosystem Carbon Flux Model. The Spatial Implication[J]. Climatic Change, 2010, 103(1): 117-136.

[290]侯光良，游松才.用筑后模型估算我国植物气候生产力[J].自然资源学报，1990
（1）：60-65.

[291]温学发.新技术和新方法推动生态系统生态学研究[J].植物生态学报，2020，44
（4）：4.

[292]张晓宁.三江平原植被净初级生产力的估算及分析[D].阜新：辽宁工程技术大
学，2012.

[293]韩帅.涡度相关法估算长江中下游滩地杨树人工林生产力[D].北京：中国林业科学
研究院，2008.

[294]王秀云，孙玉军.森林生态系统碳储量估测方法及其研究进展[J].世界林业研究，
2008，21（5）：24-29.

[295]于贵瑞，杨萌，付超，等.大尺度陆地生态系统管理的理论基础及其应用研究的思考
[J].应用生态学报，2021，32（3）：771-787.

[296]冉有华，马瀚青.中国2000年1km植物功能型分布图[J].遥感技术与应用，2016，
31（4）：827-832.

[297]郭亚奇.气候变化对青藏高原植被演替和生产力影响的模拟[D].北京：中国农业科
学院，2012.

[298]孙政国.南方草地生态系统生产力和碳储量初步核算研究[D].南京：南京大
学，2012.

[299]郭建侠，郑有飞，杜继稳.植被对环境气候影响的数值模拟研究思路综述[J].陕西气
象，2002（4）：7-11.

[300]赵东升，李双成，吴绍洪.青藏高原的气候植被模型研究进展[J].地理科学进展，
2006，25（4）：68-78.

[301]曹明奎，李克让.陆地生态系统与气候相互作用的研究进展[J].地球科学进展，
2000，15（4）：446-452.

[302]王阳，徐小刚.大气CO_2浓度升高与植物生态系统反应[J].中国林业经济，2004
（4）：30-32.

[303]张海清，刘琪璟，陆佩玲，等.陆地生态系统碳循环模型概述[J].中国科技信息，
2005（13）：25.

[304]王靖，于强，潘学标，等.土壤-植物-大气连续体水热、CO_2通量估算模型研究进展
[J].生态学报，2008，28（6）：2843-2853.

[305]Hongge Ren, Li Zhang, Min Yan, et al. Sensitivity Analysis of Biome-BGC Mu So for
Gross and Net Primary Productivity of Typical Forests in China[J]. Forest Ecosystems,
2022, 9(01): 111-123.

[306]Mitchell S, Beven K, Freer J, et al. Processes Influencing Model-data Mismatch in
Drought-stressed, Fire-disturbed Eddy Flux Sites[J]. Journal of Geophysical Research
Biogeosciences, 2015, 116(G2): 1296-1300.

[307]Raj R, Hamm N A S, Tol C V D, et al. Variance-based Sensitivity Analysis of BIOME-
BGC for Gross and Net Primary Production[J]. Ecological Modelling, 2014, 292: 26-36.

[308] Boris D, Giuliana Z, Pieterj V, et al. A Comparison of Alternative Modelling Approaches to Evaluate the European Forest Carbon Fluxes[J]. Forest Ecology & Management, 2010, 260(3): 241-251.

[309] Wang W, Dungan J, Hashimoto H, et al. Diagnosing and Assessing Uncertainties of Terrestrial Ecosystem Models in a Multimodel Ensemble Experiment: 1. Primary Production [J]. Global Change Biology, 2011, 17(3): 1350-1366.

[310] Wang W, Dungan J, Hashimoto H, et al. Diagnosing and Assessing Uncertainties of Terrestrial Ecosystem Models in a Multimodel Ensemble Experiment: 2. Carbon Balance [J]. Global Change Biology, 2011, 17(3): 1367-1378.

[311] 宋霞, 刘允芬, 徐小锋, 等. 红壤丘陵区人工林冬春时段碳、水、热通量的观测与分析[J]. 资源科学, 2004, 26(3): 96-104.

[312] 李正泉, 于贵瑞, 温学发, 等. 中国通量观测网络(ChinaFLUX)能量平衡闭合状况的评价[J]. 中国科学: 地球科学, 2004, 34(S2): 46-56.

[313] 窦军霞, 张一平, 于贵瑞, 等. 西双版纳热带季节雨林热储量初步研究[J]. 中国科学: 地球科学, 2006, 36(S1): 153-162.

[314] 刘纪远, 于贵瑞, 王绍强, 等. 陆地生态系统碳循环及其机理研究的地球信息科学方法初探[J]. 地理研究, 2003, 22(4): 397-405.

[315] 于贵瑞, 方华军, 伏玉玲, 等. 区域尺度陆地生态系统碳收支及其循环过程研究进展[J]. 生态学报, 2011, 31(19): 5449-5459.

[316] 任小丽, 何洪林, 刘敏, 等. 基于模型数据融合的千烟洲亚热带人工林碳水通量模拟[J]. 生态学报, 2012, 32(23): 7313-7326.

[317] 张东秋, 石培礼, 张宪洲. 土壤呼吸主要影响因素的研究进展[J]. 地球科学进展, 2005, 20(7): 778-785.

[318] 陈丽萍, 李平衡, 莫路锋, 等. 基于通量源区模型的雷竹林生态系统碳通量信息提取[J]. 浙江农林大学学报, 2016, 33(1): 1-10.

[319] 王绍强, 周成虎, 刘纪远, 等. 东北地区陆地碳循环平衡模拟分析[J]. 地理学报, 2001, 56(4): 390-400.

[320] 周涛, 史培军, 孙睿, 等. 气候变化对净生态系统生产力的影响[J]. 地理学报, 2004, 59(3): 357-365.

[321] 韩旭军, 李新. 非线性滤波方法与陆面数据同化[J]. 地球科学进展, 2008, 23(8): 813-820.

[322] 褚楠, 黄春林, 杜培军. 基于集合卡尔曼平滑算法的土壤水分同化[J]. 水科学进展, 2015, 26(2): 243-249.

[323] 褚楠, 黄春林, 杜培军. 基于双 EnKF 的土壤水分与土壤属性参数同时估计[J]. 遥感技术与应用, 2016, 31(2): 214-220.

[324] 张黎, 于贵瑞, 何洪林, 等. 基于模型数据融合的长白山阔叶红松林碳循环模拟[J]. 植物生态学报, 2009, 33(6): 1044-1055.

[325] 张弥, 温学发, 于贵瑞, 等. 二氧化碳储存通量对森林生态系统碳收支的影响[J]. 应

用生态学报，2010，21(5)：1201-1209.

[326]朱治林，孙晓敏，于贵瑞，等.典型森林生态系统总辐射和光合有效辐射长期观测中的仪器性能衰变和数据校正[J].应用生态学报，2011，22(11)：2954-2962.

[327]于贵瑞，高扬，王秋凤，等.陆地生态系统碳氮水循环的关键耦合过程及其生物调控机制探讨[J].中国生态农业学报，2013，21(1)：1-13.

[328]顾峰雪，曹明奎，于贵瑞，等.典型森林生态系统碳交换的机理模拟及其与观测的比较研究[J].地球科学进展，2007，22(3)：313-321.

[329]杨金艳，王传宽.东北东部森林生态系统土壤碳贮量和碳通量[J].生态学报，2005，25(11)：2875-2882.

[330]林丽莎，李向义，韩士杰.长白山天然次生白桦林土壤 CO_2 释放通量研究[J].干旱区地理，2009，32(1)：67-71.

[331]王森，关德新，王跃思，等.长白山红松针阔叶混交林生态系统生产力的估算[J].中国科学：地球科学，2006(S1)：70-82.

[332]田静，张仁华，孙晓敏，等.基于遥感信息的水平平流通量观测影响校正模型研究[J].中国科学：地球科学，2006(S1)：255-262.

[333]廖科，陈亚娟，赵绿翠，等.千烟洲中亚热带人工林生态系统 CO_2 通量的季节变异特征[J].第三军医大学学报，2015，37(14)：1412-1416.

[334]张慧，申双和，温学发，等.陆地生态系统碳水通量贡献区评价综述[J].生态学报，2012，32(23)：7622-7633.

[335]于贵瑞，任伟，陈智，等.中国陆地生态系统碳氮水通量协同观测系统的建设及其科学研究[J].地理学报(英文版)，2016(7).

[336]周广胜.全球碳循环[M].北京：气象出版社，2003.

[337]王效科，白艳莹，欧阳志云，等.陆地生物地球化学模型的应用和发展[J].应用生态学报，2002，13(12)：1703-1706.

[338]赵俊芳，延晓冬，贾根锁.东北森林净第一性生产力与碳收支对气候变化的响应[J].生态学报，2008，28(1)：92-102.

[339]赵敏，周广胜.中国北方林生产力变化趋势及其影响因子分析[J].西北植物学报，2005，25(3)：466-471.

[340]刘瑞刚，李娜，苏宏新，等.北京山区3种暖温带森林生态系统未来碳平衡的模拟与分析[J].植物生态学报，2009，33(3)：516-534.

[341]Liu J, Chen J M, Cihlar J, et al. Net Primary Productivity Mapped for Canada at 1-km Resolution[J]. Global Ecology & Biogeography, 2002, 11(2)：115-129.

[342] Lanotte R, Maggiolo-Schettini A. A Two-leaf Model for Canopy Conductance, Photosynthesis and Partitioning of Available Energy I：Model Description and Comparison with a Multi-Layered Model[J]. Agricultural & Forest Meteorology, 1998, 91(1-2)：89-111.

[343]张彦敏，周广胜.植物叶片最大羧化速率及其对环境因子响应的研究进展[J].生态学报，2012，32(18)：5907-5917.

[344]董利虎.东北林区主要树种及林分类型生物量模型研究[D].哈尔滨:东北林业大学,2015.

[345]卢俐.地表显热通量的观测、影响因子和尺度关系的研究[D].北京:北京师范大学,2008.

[346]黄春林,李新.陆面数据同化系统的研究综述[J].遥感技术与应用,2004,19(5):424-430.

[347]李登秋,居为民,郑光,等.基于生态过程模型和森林清查数据的森林生长量估算对比研究[J].生态环境学报,2013(10):1647-1657.

[348]张方敏,居为民,陈镜明,等.基于遥感和过程模型的亚洲东部陆地生态系统初级生产力分布特征[J].应用生态学报,2012,23(2):307-318.

[349]杜华强,周国模,徐小军.竹林生物量碳储量遥感定量估算[M].北京:科学出版社,2012.

[350]陈新芳,安树青,陈镜明,等.森林生态系统生物物理参数遥感反演研究进展[J].生态学杂志,2005,24(9):1074-1079.

[351]方东明,周广胜,蒋延玲,等.基于CENTURY模型模拟火烧对大兴安岭兴安落叶松林碳动态的影响[J].应用生态学报,2012,23(9):2411-2421.

[352]康满春.北方典型杨树人工林能量分配与碳水通量模拟[D].北京:北京林业大学,2016.

[353]方精云,朴世龙,赵淑清.CO$_2$失汇与北半球中高纬度陆地生态系统的碳汇[J].植物生态学报,2001,25(5):594-602.

[354]陈泮勤,王效科,王礼茂.中国陆地生态系统碳收支与增汇对策[M].北京:科学出版社,2008.

[355]王效科,冯宗炜,欧阳志云.中国森林生态系统的植物碳储量和碳密度研究[J].应用生态学报,2001,12(1):13-16.

[356]于贵瑞,王秋凤.植物光合、蒸腾与水分利用的生理生态学[J].核农学报,2010(3):579.

[357]朴世龙,方精云,黄耀.中国陆地生态系统碳收支[J].中国基础科学,2010,12(2):20-22.

[358]王萍.大小兴安岭森林生态系统碳平衡模拟研究[D].哈尔滨:东北林业大学,2009.

[359]陈新芳,居为民,陈镜明,等.陆地生态系统碳水循环的相互作用及其模拟[J].生态学杂志,2009,28(8):1630-1639.

[360]Hidy D, Barcza Z, Haszpra L, et al. Development of the Biome-BGC Model for Simulation of Managed Herbaceous Ecosystems [J]. Ecological Modelling, 2012, 226(1729):99-119.

[361]Luo Z, Sun O J, Wang E, et al. Modeling Productivity in Mangrove Forests as Impacted by Effective Soil Water Availability and Its Sensitivity to Climate Change Using Biome-BGC [J]. Ecosystems, 2010, 13(7):949-965.

[362]方精云,徐嵩龄.我国森林植被的生物量和净生产量[J].生态学报,1996,16(5):

497-508.

[363]耿绍波, 鲁绍伟, 饶良懿, 等. 基于涡度相关技术测算地表碳通量研究进展[J]. 世界林业研究, 2010, 23(3): 24-28.

[364]吕爱锋, 田汉勤, 刘永强. 火干扰与生态系统的碳循环[J]. 生态学报, 2005, 25(10): 2734-2743.

[365]朱士华, 张弛, 李超凡. 基于 BIOME-BGC 模型的新疆牧区生态系统碳动态模拟[J]. 干旱区资源与环境, 2016, 30(6): 159-166.

[366]何丽鸿. 东北地区长白落叶松林净初级生产力对气候变化的响应[D]. 北京: 北京林业大学, 2015.

[367]王莺, 夏文韬, 梁天刚. 陆地生态系统净初级生产力的时空动态模拟研究进展[J]. 草业科学, 2010, 27(2): 77-88.

[368]Sun Q, Li B, Zhang T, et al. An Improved Biome-BGC Model for Estimating Net Primary Productivity of Alpine Meadow on the Qinghai-Tibet Plateau[J]. Ecological Modelling, 2017, 350: 55-68.

[369]Mao F, Zhou G, Li P, et al. Optimizing Selective Cutting Strategies for Maximum Carbon Stocks and Yield of Moso Bamboo Forest Using BIOME-BGC Model[J]. Journal of Environmental Management, 2017, 191: 126-135.

[370]Chiesi M, Chirici G, Marchetti M, et al. Testing the Applicability of BIOME-BGC to Simulate Beech Gross Primary Production in Europe Using a New Continental Weather Dataset[J]. Annals of Forest Science, 2016, 73(3): 713-727.

[371]Hidy D, Barcza Z, Marjanović H, et al. Terrestrial Ecosystem Process Model Biome-BGCMuSo: Summary of Improvements and New Modeling Possibilities[J]. Geoscientific Model Development, 2016: 1-60.

[372]Ye J S, Reynolds J F, Maestre F T, et al. Hydrological and Ecological Responses of Ecosystems to Extreme Precipitation Regimes: A Test of Empirical-based Hypotheses with an Ecosystem Model[J]. Perspectives in Plant Ecology Evolution & Systematics, 2016, 22: 36-46.

[373]潘建峰, 国庆喜, 王化儒. 山地小气候模型在帽儿山地区气候模拟中的应用[J]. 东北林业大学学报, 2007(5): 51-54.

[374]温永斌. 基于 Biome-BGC 模型的景观格局与水分利用效率耦合研究[D]. 北京: 北京林业大学, 2019.

[375]温永斌, 韩海荣, 程小琴, 等. 基于 Biome-BGC 模型的千烟洲森林水分利用效率研究[J]. 北京林业大学学报, 2019, 41(4): 69-77.

[376]李旭华, 孙建新. Biome-BGC 模型模拟阔叶红松林碳水通量的参数敏感性检验和不确定性分析[J]. 植物生态学报, 2018, 42(12): 1131-1144.

[377]梅晓丹, 王强, 田静, 等. 基于 SPEI 的黑龙江省干旱和地形因子关系分析[J]. 黑龙江工程学院学报, 2022, 36(1): 1-8.

[378]梅晓丹, 李丹, 王强, 等. 基于 ANUSPLIN 的小兴安岭地区降水格点数据空间插值

[J]. 测绘与空间地理信息，2021，44（12）：6-10.

[379] 梅晓丹，李丹，王强，等. 基于 Biome-BGC 模型的小兴安岭森林碳通量时空分析 [J]. 测绘与空间地理信息，2021，44（11）：7-10.

[380] 梅晓丹，刘丹丹，田静，等. 基于多时间尺度 SPEI 的黑龙江省干湿时空变化特征分析 [J]. 黑龙江工程学院学报，2021，35（5）：1-8.

[381] 梅晓丹，田静，田泽宇，等. 黑龙江省干旱及植被分布的时空变化分析 [J]. 测绘与空间地理信息，2021，44（10）：1-5.

[382] 张世喆，朱秀芳，刘婷婷，等. 气候变化下中国不同植被区 GPP 对干旱的响应分析 [J/OL]. 生态学报，2022（8）：1-12.

[383] 曲美慧，涂钢，冯喜媛. 1961—2019 年东北地区作物生长不同阶段极端干期时空分布特征分析 [J]. 自然灾害学报，2022，31（2）：242-251.

[384] 谢五三，张强，李威，等. 干旱指数在中国东北、西南和长江中下游地区适用性分析 [J]. 高原气象，2021，40（5）：1136-1146.

[385] 张更喜，粟晓玲，刘文斐. 考虑 CO_2 浓度影响的中国未来干旱趋势变化 [J]. 农业工程学报，2021，37（1）：84-91.

[386] 杜文丽，孙少波，吴云涛，等. 1980—2013 年中国陆地生态系统总初级生产力对干旱的响应特征 [J]. 生态学杂志，2020，39（1）：23-35.

[387] 罗新兰，李英歌，殷红，等. 东北地区植被 NDVI 对不同时间尺度 SPEI 的响应 [J]. 生态学杂志，2020，39（2）：412-421.

[388] 史尚渝，王飞，金凯，等. 基于 SPEI 的 1981—2017 年中国北方地区干旱时空分布特征 [J]. 干旱地区农业研究，2019，37（4）：215-222.

[389] 李明，胡炜霞，张莲芝，等. 基于 SPEI 的东北地区气象干旱风险分析 [J]. 干旱区资源与环境，2018，32（7）：134-139.

[390] 沈国强，郑海峰，雷振锋. SPEI 指数在中国东北地区干旱研究中的适用性分析 [J]. 生态学报，2017（11）：3787-3795.

[391] 于成龙，刘丹，何锋，等. 东北地区自然植被火动态特征及其对干旱的响应 [J]. 水土保持通报，2019，39（4）：9-16，43.

[392] Ming B, Guo Y Q, Tao H B, et al. SPEIPM-based Research on Drought Impact on Maize Yield in North China Plain [J]. Journal of Integrative Agriculture, 2015, 14 (4): 660-669.

[393] Lou W, Sun S, Sun K, et al. Summer Drought Index Using SPEI Based on 10-day Temperature and Precipitation Data and Its Application in Zhejiang Province (Southeast China) [J]. Stochastic Environmental Research & Risk Assessment, 2017, 31 (10): 1-14.

[394] Wang F, Wang Z, Yang H, et al. Study of the Temporal and Spatial Patterns of Drought in the Yellow River Basin Based on SPEI [J]. 中国科学：地球科学（英文版），2018，61 (8): 1098-1111.

[395] Pg A, Mk B, Azn C, et al. Application of Gaussian Process Regression to Forecast Multi-

step Ahead SPEI Drought Index [J]. Alexandria Engineering Journal, 2021, 60(6): 5375-5392.

[396] Karbasi M, Karbasi M, Jamei M, et al. Development of a New Wavelet-based Hybrid Model to Forecast Multi-Scalar SPEI Drought Index (case study: Zanjan City, Iran) [J]. Theoretical and Applied Climatology, 2022, 147(1-2): 499-522.